JN190833

日本全国
鉱山めぐり
決定版

観光できる産業遺産を徹底解説
+全国鉱山跡リスト110

五十公野 裕也

誠文堂新光社

鉱山跡の楽しみ方

鉱山と聞くと、地下資源を掘るための薄暗いトンネルや、その中で岩石を積んで走るトロッコの姿を思い浮かべる方が多いだろう。あるいは、ピカピカに輝く宝石や黄金などの宝の山をイメージされるかもしれない。

鉱山には「金属鉱山」「非金属鉱山」「石炭鉱山（炭鉱）」の3種類があり、最盛期の1950年代には合わせて2000か所以上が日本国内で操業していた。

中でも最も多かったのが金属鉱山で、非金属鉱山や炭鉱とは異なり、国内各地にまんべんなく存在した。古いものも合わせるとその数は少なくとも5000か所以上におよび、都市郊外の里山地域から過酷な山岳地帯に至るまで分布していた。

かつて金属鉱業は日本の花形産業であり、江戸時代から昭和にかけて繁栄して日本経済の発展に貢献した。しかし、外国からの安価な鉱石の輸入、鉱床の掘り尽くしなどの影響でそのほとんどが閉山に追い込まれていった。令和の現在は、菱刈（ひしかり）鉱山など数か所の金鉱山に限って操業が続けられている。

ところが閉山した後、全国的に有名な鉱山跡などがテーマパークとして活用され始めた。さらに、鉱山跡が産業的あるいは地球科学的な価値を有する遺産として世間から認識され、ユネスコの世界文化遺産、文化庁の日本遺産、経済産業省の近代化産業遺産、ジオパークのジオサイトなどに次々と認定された。つい最近の2024年には佐渡金山も世界文化遺産に認定され、注目を浴びている。

本書では、日本を代表する鉱山跡を中心に全国から31か所を厳選した。いずれも観光や歴史を学ぶ目的で整備され、普通に見学できるところばかりだ。各鉱山をテーマ別に7つの章に分けて紹介しているが、特に「おすすめベスト5」は見どころが盛りだくさんなので、ぜひ訪れてみてほしい。

本書が鉱山跡をめぐる旅の頼もしきガイド本となって、お役に立つことを心から願っている。そして見学を通じて、坑道や廃墟など鉱山跡の面白さに気づいていただければ幸いである。

鉱山跡を見学する際の注意点

本書で取り上げる鉱山跡のほとんどが観光用に整備されており、特別な準備なしで見学できる。しかし、一部の坑道では懐中電灯や長靴などの装備が必要になり、現場にたどり着くために急な坂道を登らなければならない場所や、登山経験がないと到達困難な場所も存在する。

観光用に整備された坑道は、1年を通して気温が10度前後に保たれているため、寒さ対策も必要だ。特に夏場は外との気温差が大きくなるため、体調の管理に注意してほしい。また、鉱山跡周辺にクマが出没するところもあり、クマよけ鈴やラジオを持参するなど対策を講じることをおすすめする。

最後に、写真や動画の撮影は各施設のルールにしたがい、立ち入り禁止区域等へは絶対に入らないことにも気を付けてほしい。

目次

鉱山跡の楽しみ方 …… 2
本書で紹介する鉱山跡 …… 6
各鉱山の操業期間 …… 7

1 おすすめベスト5

佐渡金山 …… 9
コラム 鉱山はどのように発見されたか
足尾銅山 …… 20
明延鉱山 …… 30
コラム さまざまな鉱山機械
尾去沢鉱山 …… 39
別子銅山 …… 46

2 廃墟・遺構

釜石鉱山 …… 55
持倉鉱山 …… 61
コラム 鉱山跡の二大廃墟
大谷鉱山 …… 65
荒川鉱山 …… 69

3 坑道探検

谷口銀山 …… 74
鳴海金山 …… 80
延沢銀山 …… 84
笹畝坑道 …… 88
コラム 坑道ガイド
玖珂鉱山 …… 93
龗附天正金鉱 …… 97

4 鉄道・トロッコ

栅原鉱山 …… 101
尾小屋鉱山 …… 105
小坂鉱山 …… 111
コラム 坑道内で使われた機関車

5 歴史遺産

石見銀山 …… 117
橋野鉄鉱山 …… 123
多田銀銅山 …… 127
長登銅山 …… 131
コラム 大人気のトロッコ

6 砂金採り

西三川砂金山 …… 137
湯之奥金山 …… 141
土肥金山 …… 145
コラム 日本の金属鉱床

7 展示充実

生野銀山 …… 151
日立鉱山 …… 159
細倉鉱山 …… 163
鯛生金山 …… 169
野田玉川鉱山 …… 175
鹿折金山 …… 179
コラム 鉱石と鉱物

見学できる鉱山跡110 …… 184
鉱石の展示が充実した博物館・資料館50 …… 186
用語解説 …… 188
あとがき …… 190
参考文献一覧・取材協力 …… 191

本書で紹介する鉱山跡

本書で紹介するのは、北は東北地方·秋田県の小坂鉱山から、南は九州・大分県の鯛生金山まで全国各地の鉱山跡31か所。いずれも日本の鉱山史に名を刻む著名な場所ばかりで、今は観光施設などによみがえり、施設ごとに異なる特色をもつ遺構や展示物を楽しむことができる。各鉱山跡の見どころ分布図を使ってそれぞれの場所をたどりながら、産業と歴史が織りなす鉱山跡の旅を存分に楽しんでみよう。

各鉱山の操業期間

	7世紀 8世紀 9世紀 10世紀 11世紀 12世紀 13世紀 14世紀 15世紀 16世紀 17世紀 18世紀 19世紀 20世紀（各 前 後）
長登銅山	8世紀前後〜昭和35（1960）年
多田銀銅山	8世紀前半〜昭和48（1973）年
明延鉱山	天平年間（729〜749年）〜昭和62（1987）年
鳴海金山	大同2（807）年〜昭和20（1945）年
生野銀山	大同2（807）年〜昭和48（1973）年
西三川砂金山	平安時代〜明治5（1872）年
谷口銀山	平安時代末期（1159〜1160年）〜昭和15（1940）年
石見銀山	延慶2（1309）年〜昭和18（1943）年
湯之奥金山	15世紀後半〜貞享3（1686）年
鶴附天正金鉱	天正5（1577）年〜慶長年間（1596〜1615年）
土肥金山	天正5（1577）年〜昭和40（1965）年
延沢銀山	戦国時代末期〜昭和41（1966）年
細倉鉱山	天正年間（1573〜1592年）〜昭和62（1987）年
鹿折金山	慶長年間（1596〜1615年）〜昭和31（1956）年
尾去沢鉱山	慶長4（1599）年〜昭和53（1978）年
佐渡金山	慶長6（1601）年〜平成元（1989）年
足尾銅山	慶長15（1610）年〜昭和48（1973）年
日立鉱山	寛永2（1625）年〜昭和56（1981）年
尾小屋鉱山	天和2（1682）年〜昭和37（1962）年
別子銅山	元禄4（1691）年〜昭和48（1973）年
荒川鉱山	正徳2（1712）年〜昭和20（1945）年
持倉鉱山	享保年間（1716〜1736年）〜昭和32（1957）年
玖珂鉱山	嘉永年間（1848〜1854年）〜平成5（1993）年
橋野鉄鉱山	安政5（1858）年〜明治27（1894）年
笹畝坑道	江戸時代末期〜大正9（1921）年
釜石鉱山	江戸時代末期〜平成5（1993）年
小坂鉱山	文久元（1861）年〜平成2（1990）年
柵原鉱山	明治17（1884）年〜平成3（1991）年
鯛生金山	明治31（1898）年〜昭和47（1972）年
野田玉川鉱山	明治38（1905）年〜平成11（1999）年
大谷鉱山	明治38（1905）年〜昭和41（1966）年

1 おすすめベスト5

観光地となった数ある鉱山跡の中で、ぜひとも見学をおすすめしたい特に魅力的な5か所をピックアップ。いずれも日本を代表する超巨大な鉱山跡であり、坑道、選鉱場跡、社宅跡などさまざまな遺構が残され、採掘された鉱石、実際に使用されていたトロッコ、鉱山道具などの展示物も豊富だ。まずは、誰もが楽しめそうな見どころ盛りだくさんの鉱山跡からめぐってみよう。

佐渡金山

世界文化遺産
近代化産業遺産
国重要文化的景観
佐渡ジオパーク

あらゆる鉱山遺構が楽しめる日本一有名な金銀鉱山

Data

【所在地】新潟県佐渡市
【施設】史跡佐渡金山　0259-74-2389
【営業・見学】4月〜10月：8時〜17時30分、11月〜3月：8時30分〜17時（年中無休）／入場料：「佐渡金山コース」（宗太夫坑と道遊坑）大人1000円、「山師コース」大人5000円（2名以上10名未満）
【主な産出物】金・銀・銅
【操業・歴史】慶長6（1601）年〜平成元（1989）年

世界遺産になった国内最大級の金銀鉱山

金は日本を象徴する鉱物資源で、かつては「黄金の国ジパング」と呼ばれたほど莫大な量の金が産出した。採掘の歴史は古く、1000年以上前の奈良時代の砂金採取から始まった。また、昔から希少価値の高い金属として認識され、東大寺盧舎那仏（奈良県）や中尊寺金色堂（岩手県）など仏教美術の材料や、大判小判などの貨幣に使用された。令和の時代においても金の国内生産は継続しており、商業ベースで採掘できるほぼ唯一の金属となっている。

金を主体とする鉱床は全国に500か所ほどあり、さらに副産物的に採れる場所も含めると数千か所以上にも達する。北海道から沖縄に至るまでの広範囲に金鉱床が分布しており、昭和の戦後まで盛んに採掘されていた。今ではほぼすべてが閉山してしまったが、鹿児島県の菱刈鉱

①道遊の割戸　採掘により道遊山がV字型に大きく割れており、割れ目は深さ74mにも達する。佐渡金山の最大の見どころ

山を中心に数か所の金鉱山が現役で操業している。

数ある金鉱山の中で、日本を代表する場所が新潟県の佐渡金山だ。金の累計産出量は菱刈鉱山に次いで第2位の金山にランクされ、さらに国内トップクラスの量の銀も産出した。特に江戸時代においては国内最大の金銀鉱山であり、採掘から製錬まですべて手作業で行われた。さらに、当時の高度な技術に関連する遺構も良好な状態で保存されている。これらが世界的に評価され、令和6（2024）年に鉱山遺跡では日本で3番目となる世界文化遺産に登録された。

佐渡金山跡は佐渡島西部の海岸、相川エリアにあり、観光施設「史跡佐渡金山」が営業されている。下流の海岸近くにはかつて鉱山町が形成され、往時の景観も数多く残されている。佐渡金山の最大の特色は、こうした金山経営に関する全工程の遺構が保存されていることだ。金の採掘跡から選鉱・製錬遺構、さらに積み出し用の港に至るまで見学できるため、見どころが豊富で1日ではすべてをまわるのが難しいほどだ（②）。世界遺産に登録されたばかりの日本最大級の鉱山遺跡を、ぜひ訪れてみてほしい。

江戸時代最大の露天掘り跡「道遊の割戸」

佐渡金山で見学できる遺構は、坑道、露天掘り跡、立坑櫓、粗砕場、浮遊選鉱場跡、青化製錬所、火力発電所跡、鉱山事務所、大間港など多岐にわたる。中でも大きな見どころの1つが「道遊の割戸」だ（①）。金銀採掘の中心地、道遊山に残る超巨大な露天掘り跡で、佐渡金山のシンボル的な存在として威容を誇っている。

道遊の割戸はスケール感が半端ではなく、江戸時代の露天掘り跡では堂々たる全国1位の大きさだ。観光ルートの1つ、道遊坑コースの途中に展望ポイント（高任公園）があり、圧巻の眺めを味わえる。慶長6（1601）年にここで金銀鉱脈（道遊脈）が発見され、地表から掘り進むう

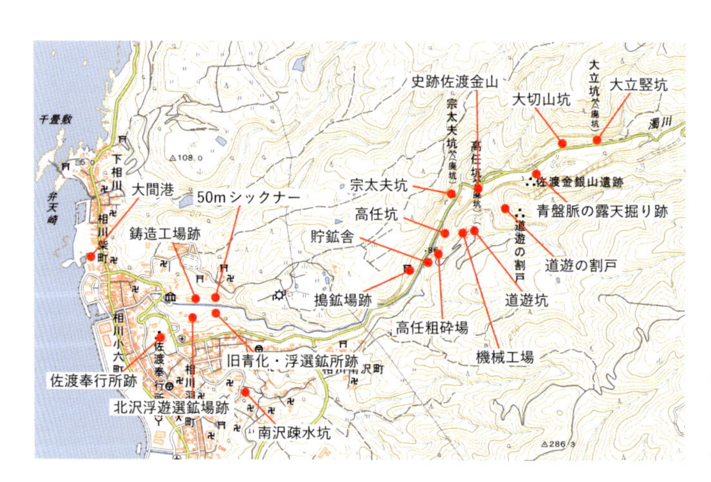

②見どころ分布図（地理院地図（電子国土Web）を基に作成、2.5万分の1地形図「相川」に対応）

③道遊の割戸の直下に開けられた大穴
高さが30ｍ以上もある巨大な穴。上にある露天掘り跡と貫通している

ちにV字型に割れた姿に変化した。これが重機もない時代にすべて手掘りで掘削されたというから驚きだ。

道遊の割戸を間近で眺められるポイントは、道遊坑コースにもう1つある。露天掘り跡の直下まで行くことができ、大穴が開いた迫力ある絶景を楽しめるのだ（③）。この大穴は、明治時代以降にダイナマイトを使用して金銀鉱脈を掘り抜いた跡である。

④青盤脈の露天掘り跡　道遊の割戸から連続する岩山が露天掘りの跡。鉱脈の長さは約2100ｍにもおよぶ

また、道遊の割戸の裏側には本鉱山最大の鉱脈である青盤脈の露天掘り跡があり、史跡佐渡金山の第5駐車場から見渡せる。この採掘跡は道遊脈まで連続する大規模なものになっており、壮大な景色が堪能できる（④）。絶壁となった山肌を見上げれば、採掘によって出現した「たぬき掘り」（たぬきの巣穴のような、技術が未発達な時代の採掘跡）の穴があちこちに残されているのもわかるだろう。

明治期に開発された近代的な道遊坑と高任坑

佐渡金山では無数の坑道が掘られ、その総延長は約400km、最深部は海面下530mにもおよぶ。道遊坑、高任坑、宗太夫坑、大切山坑の4つの坑道が公開されており、2つのコースに分かれている。道遊坑は常時見学できる近代坑道で、高任坑、宗太夫坑とセットになっている。

道遊坑は道遊脈の開発を目的に掘られた坑道で、平成元（1989）年の操業休止まで使われていた（⑤）。現在はこの坑道の入口周辺の約400ｍが観光用に整備されている。床の一部にはトロッコ線路

⑤道遊坑　明治32（1899）年に開さくされた主要な鉱石運搬坑道で、通洞坑とも呼ばれる

⑥**道遊坑の内部**　足元には線路が残り、蓄電池機関車と鉱車が展示されている。正面上には江戸時代のたぬき掘りの坑道が見られる

⑦**道遊脈の採掘跡**　採掘により巨大な空洞が形成され、その作業風景も再現されている

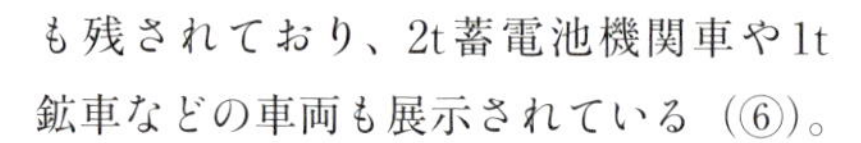

も残されており、2t蓄電池機関車や1t鉱車などの車両も展示されている（⑥）。

坑道内で一番の見どころは折り返し地点にある道遊脈の採掘跡（⑦）で、家1軒が丸ごと入るほどの巨大な空洞となっている。ここは道遊の割戸の真下にあたり、地上の露天掘り跡から地下の採掘跡に至るまで見学できる数少ない遺構ということになる。

高任坑は明治20（1887）年に大島高任の命により掘られた坑道で、入口から約100mが公開されている（⑧）。高任立坑から出てきた鉱石の運搬用坑道として利用されたが、昭和27（1952）年に廃止された。

江戸時代の作業風景が復元された宗太夫坑

宗太夫坑は、江戸時代の初期に青盤脈の西端付近を採掘した坑道だ（⑨）。すべて手掘りの時代だが、当時としてはめずらしい大型の坑道である。鉱脈に沿って掘られた斜坑、たぬき掘りの小さな坑道、換気用の煙穴など、江戸期における坑道の特徴が数多く残されている。

延長約280mの坑道内には、佐渡金銀山絵巻に描かれている採掘作業の様子が70体あまりの等身大の人形で忠実に再現されている。全部で11か所あり、手掘りによる採掘、背負いによる鉱石の運

⑧**高任坑の内部**　トンネルのような坑道で、トロッコが2台分通れるほどの広さがある

⑨**宗太夫坑**　江戸時代に掘られた坑道。宗太夫という人物が開さくに関わったと伝えられる

⑩**排水作業の再現**　水上輪を使った排水作業が、実際に動きながらリアルに再現されている

⑪**やわらぎの再現**　縞模様の鉱脈を背景に5人の演者が神事芸「やわらぎ」を演じている

搬、支柱の組み立て、検問所、休息所、通気や排水、測量などの風景を見学することができる。しかも一部が機械じかけとなっており、しゃべり出す様子や作業の音まで当時の労働現場の様子がリアルに伝わる。

特に注目してほしい作業風景が、当時の排水作業だ（⑩）。水上輪と呼ばれる筒状のポンプを使って樋引人足が地下水と戦う様子を、間近で眺めることができる。坑内で最も過酷な作業であったとされ、交代により24時間連続で続けられた。

坑道終点の手前には「間歩開き（まぶびらき）」の祝いの様子が再現されている（⑪）。金銀を多量に含む鉱脈が発見されると催され、佐渡金山独自の神事芸「やわらぎ」が演じられた。人形演者による独特の演出と歌により、臨場感あふれる雰囲気を体験することができる。

「生」の坑道を探検できる大切山坑

大切山坑は、観光用に整備されておらず当時のままの姿で残された坑道だ。予約制の「山師ツアー」に参加するとガイド付きで見学することができる。生（なま）の坑道探検を味わえる、全国的にも数少ない貴重なツアーだ。

江戸時代初期に立入坑道として開さくされた大切山坑は、200mほど入ることができる（⑫）。目玉は平行に掘られた2本の坑道だ（⑬）。坑内の換気目的で2本同時に掘さくされ、何か所か貫通点を設けて空気を循環させていた。ここでしか見られないたいへん貴重な遺構で、約400年前の江戸時代の技術の高さに驚く。終点には明治時代の大規模なシュリ

⑫**大切山坑**　味方与次右衛門が寛永11（1634）年に開さくした坑道。14年後に大切脈にあたったと伝えられる

⑬平行に掘られた2本の坑道　右側が本坑道で、左側が通気用の坑道。本坑道は近代の拡張により広くなっている

⑭シュリンケージ採掘跡　鉱脈を縦長に掘り抜いた跡で、高さは20m以上

ンケージ採掘跡があり、レールや木製トロッコの残骸が残されている（⑭）。

もう1つの目玉が金銀鉱脈だ。その観察ポイントが入って間もない所と一番奥のシュリンケージ採掘跡にある。おすすめは手前のほうで、幅が30cm以上もある見事な鉱脈が坑道を横切っている（⑮）。ほぼ石英からなる脈で、金と銀が含まれる。金銀が著しく濃集すると「銀黒」と呼ばれる黒い筋状の脈が形成され、

⑮金銀鉱脈　中央の縦長の白い部分が鉱脈

良質な金銀鉱石として採掘された（⑯）。

地下深部の採掘に活躍した2つの代表的な竪坑

地下深部の鉱脈の採掘に活躍したのが竪坑（たてこう）で、坑道内の各所に存在した。代表的なものが、大立（おおだて）竪坑と高任竪坑だ。大立竪坑は大佐渡スカイラインのすぐ脇にあり、迫力ある竪坑櫓を眺めることができる（⑰）。ここは日本最古の洋式竪坑で、内部に巨大な巻揚機やアメリカ製の空気圧縮機が保存されている。

高任竪坑は道遊坑の入口近くにあり、小規模な櫓が残されている（⑱）。大立竪坑の櫓と比べると小さいが、本鉱山の

⑯銀黒脈をともなう金銀鉱石　佐渡鉱山機械修理工場に展示されたもので、銀黒の産状がわかりやすい

⑰**大立竪坑**　明治10（1877）年にドイツ人技師の指導で完成した竪坑で、現存する竪坑櫓は昭和15（1940）年に建設（取材時は修復中、数年かかる見込み）（写真提供：株式会社ゴールデン佐渡）

⑱**高任竪坑**　大島高任の計画により明治20（1887）年に開坑した竪坑で、彼の功績にちなんで名付けられた

竪坑の中では最も深く、667mにも達する。かつては大規模な櫓が設置されていたが、昭和27（1952）年の大縮小にともなって小型のものに変更された。

鉱石の破砕設備がそのまま保存された高任・間ノ山地区

採掘された鉱石は、破砕・選鉱・製錬の3つの工程を経て金や銀が取り出された。これを担った施設は、高任・間ノ山（あいのやま）地区と北沢地区の2か所に分かれている。高任・間ノ山地区は道遊坑コースのすぐそばにあり、鉱石の破砕作業が行われた場所だ。粗砕場、ベルトコンベヤー、貯鉱舎、中尾変電所、上下アーチ橋および搗鉱場跡が残る（⑲）。

この中で見どころとなる施設が高任粗砕場で、斜面に沿って築かれた7層式の大きな施設だ。道遊坑および高任坑から運び出された鉱石の破砕が行われ、閉山するまで使用されていた。内部のほとんどが非公開になっているが、チップラー（トロッコを回転させて鉱石を取り出すための装置）が設置された最上部のみ内側を眺めることができる（⑳）。鉱石はこの下にある破砕機などで細かく砕かれた後、ベルトコンベヤーで貯鉱舎へ送られて保存された。

⑲**高任・間ノ山地区の鉱山施設**　右手にそびえる段状の施設が高任粗砕場で、左側の建物は貯鉱舎

⑳**チップラー**　トロッコから鉱石を取り出すために使用された円状の転倒装置

㉑**搗鉱場跡**　大正14（1925）年に新設された搗鉱場の跡。昭和18（1943）年まで稼働していた

㉒**北沢浮遊選鉱場跡**　昭和12(1937)年に建設された。以降の拡張により1か月の鉱石処理能力は5万tに達し、当時は東洋一の選鉱場だった

高任粗砕場から道路を挟んだ反対側には搗鉱場跡があり、基礎部分のみ保存されている（㉑）。搗鉱機で鉱石を粉砕し、水銀を用いて金を抽出した施設の跡だ。主役となった搗鉱機は撤去されて現存しないが、その台座跡を眺めることができる。

圧倒的な迫力の巨大廃墟が楽しめる北沢地区

北沢地区は下流の海岸近くにあり、明治時代から選鉱および製錬を行う拠点であった。高任・間ノ山地区の貯鉱舎からトロッコで鉱石が北沢地区へ運び出され、この選別処理と金を取り出す作業が行われた。ここには選鉱場、インクライン、製錬所、シックナー、火力発電所、鋳造工場など近代化に貢献した施設の跡が密集し、敷地内に入って見学することができる。

特におすすめしたいのは北沢浮遊選鉱場跡だ（㉒）。浮遊選鉱法により鉱石から金、銀、銅を取り出すための施設の跡で、ひな壇状に築かれた超巨大な廃墟となっている。道遊の割戸に次いで佐渡金山を代表する遺構であり、圧倒的なスケール感を味わうことができる。

周囲には旧青化・浮選鉱所跡と50mシックナーも残されており、どちらも迫力ある大きな遺構だ。旧青化・浮選鉱所

㉓**旧青化・浮選鉱所跡**　明治26（1893）年に建設された製錬所の跡。後に青化製錬法、昭和初期には浮遊選鉱法が導入された

㉔**50mシックナー**　泥状の鉱石と水分を分離するための円形装置で、大きさは直径約50mに達する

㉕**大間港**　明治25（1892）年に完成。築港当時の姿が良好に保たれている

㉖**佐渡鉱山機械工場**　昭和10年代に建設された建物で、平成元（1989）年の閉山まで機械工場として使用されていた

跡は金を製錬する施設の跡で、まるで古代遺跡のような外観（㉓）。50mシックナーは見学可能なものの中では日本一の大きさを誇る（㉔）。さらに火力発電所発電機室や旧鉱山事務所など明治時代を感じられる貴重な建物も現存している。廃墟好きなら大いに楽しめる場所だ。

鉱山専用の港として建設された大間港

大間港（㉕）は北沢地区のすぐ西隣にある鉱山用の港で、北沢地区の工事で発生した土砂の埋立てにより建設された。見どころは石積みの護岸だ。コンクリート工法の普及以前に用いられた「たたき工法」で築かれた、明治時代の貴重な土木遺産である。

港内にはトラス橋、ローダー橋の橋脚、クレーン台座などが現存する。これらの設備は金銀鉱石の積み出しや鉱山で使う資材の陸揚げに使用された。また、関係施設としてレンガ倉庫や火力発電所の基礎なども残されている。

貴重な工作機械や復元模型を見学できる資料館

史跡佐渡金山の中に、展示施設として機械工場と展示資料館がある。機械工場は採掘で使う機械や車両の修理を行っていた建物だ（㉖）。ここは鉱山付属の修理施設を見学できる全国で唯一の場所にもなっている。

建物内には工作機械が数多く展示されており、主なものとして形削盤、旋盤、グラインダーなどがある（㉗）。しかもその多くが昭和10年代に製造された貴

㉗**機械工場の内部**　実際に使用された工作機械を中心に、鉱山機械や蓄電池機関車も展示されている

重なものばかりだ。車両の多くは屋外に置かれており、蓄電池機関車のほか人車、ローダー、グランビー鉱車などを目にすることができる。

展示資料館は、江戸時代における金鉱石の採掘から小判が製造されるまでの工程が主な展示内容となっており、模型と史料がセットで展示されている（㉘）。特に作業の様子を再現した模型は精細につくられ、視覚的にとてもわかりやすい。

㉘展示資料館内の様子　佐渡金銀山絵巻に描かれた仕事の様子が、縮尺1/10の模型で再現されている

さらに金銀鉱石や坑道模型、江戸時代の坑内図や金貨なども飾られており、本物の金塊を触れる体験コーナーもある。

鉱床・鉱物　典型的な浅熱水性の金銀の鉱脈型鉱床

佐渡金山周辺の地質は新第三紀中新世の堆積岩（泥岩、砂岩、凝灰岩）と、これを貫く安山岩から構成される。鉱床は典型的な浅熱水性の金・銀・銅の鉱脈型鉱床であり、凝灰岩および泥岩の割れ目を埋めて生成した。青盤脈、道遊脈など主要鉱脈が8か所あり、その規模は東西3000m、南北600m、深さ800mにもおよぶ。中でも青盤脈が最大の大きさを誇り、本鉱山の主脈として採掘された。

金銀鉱石は乳白色の石英を主体としており、自然金、針銀鉱、濃紅銀鉱、ポリバス鉱、安四面銅鉱、閃亜鉛鉱、方鉛鉱、黄銅鉱、黄鉄鉱などの鉱石鉱物がともなわれる。石英以外の脈石鉱物として方解石、氷長石、菱マンガン鉱、重晶石などが産出する。さらに鉱床上部の酸化帯には自然銅、孔雀石、藍銅鉱、褐鉄鉱などの二次鉱物が形成された。

鉱石は縞状組織を示す場合が多く、黒い銀黒脈がしばしば見られた。この脈は主に針銀鉱から構成され、微細なサイズの自然金が含まれていた。鉱石1tあたりの平均的な含有量は金2.4～8.0g、銀50～120gであった。また閉山までの累計産出量は金78t、銀2330tにも達した。

歴　史　徳川幕府、明治政府、三菱の手により国内最大級の金銀鉱山へ発展

佐渡金山は慶長6(1601)年に鶴子（つるし）銀山の山師3人により鉱脈が発見されたと伝えられている。慶長8（1603）年には幕府直轄の天領となり、佐渡奉行所が置かれて本格的な採掘が開始された。元和年間（1615～1624年）から寛永年間（1624～1644年）にかけて江戸時代における最盛期を迎え、幕府の財政を大いに支えた。しかし江戸中期以降は衰退し、初期の頃のように再び栄えることはなかった。

明治2（1869）年に官営鉱山となり、大島高任や西洋人技術者の指導のもと近代化が図られた。さく岩機や火薬、洋式の選鉱場や立坑などさまざまな最先端の設備が導入された。明治22（1889）年には宮内省御料局の管轄となり、模範鉱山として鉱業の近代化に大いに貢献した。

明治29（1896）年、三菱合資会社（現在の三菱マテリアル）に払い下げられた。三菱はさらなる機械化を推し進め、産金量は増加の一途をたどった。昭和に入ると金の増産体制が強化され、昭和15（1940）年には生産量が過去最高を記録した。しかし戦後の昭和27（1952）年に生産規模が縮小された。細々と採掘が続いていたが、ついに鉱石が枯渇したため平成元（1989）年に閉山となった。

鉱山はどのように発見されたか

Column

国内の主要な鉱山の多くは、江戸時代またはそれ以前から採掘が行われていた。このような古い時代は科学技術が未発達のため、鉱床の発見は運や偶然などが頼りだった。発見の中心となったのが「山師」と呼ばれた鉱山技術者たちだ。

大部分は地下にある鉱床が地表に露出した部分のことを露頭と呼び、多くの鉱山は露頭の発見がきっかけとなった。黄銅鉱や黄鉄鉱などの鉄を含んだ硫化鉱物は、風化によって赤褐色〜黄褐色の褐鉄鉱に変化する（①）。この鉱物に覆われた露頭は「焼け」と称され、鉱床発見の目印になっている（②）。

一攫千金をもくろむ山師たちは「焼け」を発見するため、運と経験を頼りに日本列島の至るところを駆けめぐった。彼らが山の中から見つけ出した「焼け」が、佐渡金山をはじめとする多くの鉱山の開発につながっている。また山師以外にも、ゼンマイ採りや炭焼き、狩猟などを生業とする人々も山に入っていたため、彼らが山歩きをしている際に偶然「焼け」を発見したケースもしばしば聞かれる。

面白い話として、神仏のお告げなどにより発見されたという逸話が残る鉱山もある。一例を挙げると「失敗が続く山師の夢枕に大黒天が現れ、とある場所を掘ると有望な鉱脈にあたると告げられた。そして次の日に掘ってみると実際にそうなった」という話である。信じがたい話だが、このような伝説が各地の鉱山跡に存在し、今も語り継がれている。

昔のやり方とは異なり、現代では科学的な手法に基づいて鉱床探査が行われている。まず衛星画像解析から有望な地域を選定し、ドローンやヘリコプターを使った空中物理探査でエリアを絞り込む。次に現場での地質調査や地球化学探査、ボーリング調査などを行って鉱床の存在を特定する。さらに、金や銅などの有用元素の含有量や鉱石の埋蔵量などを評価し、採算がとれると判断された場合のみ、鉱山開発が進められる。

①褐鉄鉱　酸化鉄を主体とする鉱物で、露頭に生成したもの。茨城県日立鉱山産（日鉱記念館所蔵）

②焼け　黄鉄鉱-閃亜鉛鉱-方鉛鉱-石英からなる鉱脈の露頭で、表面には褐鉄鉱が生成している

足尾銅山

近代化産業遺産

国指定史跡

日光の山間部に発展した日本一の銅鉱山と鉱都

多くの遺構がバランスよく見学できる国内最大の銅鉱床

群馬県との県境近くの山間部、栃木県の旧足尾町（現在の日光市足尾地域）はかつて日本一の鉱山都市（鉱都）として繁栄した。標高600～1200ｍの山地が広がる僻地にもかかわらず、大正時代には県庁所在地の宇都宮市に次いで2番目に多い住民が暮らしていた。この街が鉱都として繁栄したのは、国内最大の銅鉱床、足尾銅山の開発に成功したからで、本山坑エリア、通洞坑エリア、小滝坑エリアの3つの地域に分かれて発展していった。

Data

【所在地】 栃木県日光市
【施設】 足尾銅山観光　0288-93-3240
【営業・見学】「屋外遺構」無料で見学可　「坑道」9時～17時（最終入場16時15分、年中無休）／入場料（個人）：大人830円、小中学生410円
【主な産出物】 銅
【操業・歴史】 慶長15（1610）年～昭和48（1973）年

足尾では江戸時代の初めに銅が発見され、栄枯盛衰を繰り返しながら昭和48（1973）年まで300年以上にわたって採掘が続いた。特に明治時代以降は古河市兵衛（現在の古河機械金属の創業者）の経営により西洋の先端技術が導入されて、産銅量日本一に輝いた。一方で、急速な近代化にともない国内初の公害「足

①本山製錬所跡　銅鉱石を溶融して銅が取り出された建物の跡。対岸から眺められる巨大な遺構は、本鉱山の最大の見どころ

②見どころ分布図（地理院地図（電子国土Web）を基に作成、2.5万分の1地形図「足尾」に対応）

尾鉱毒事件」が発生して社会問題となり、古くから対策が講じられてきた。日本の近代化に貢献したこととともに、公害対策の原点となった場所としてもよく知られている。

閉山後、本山製錬所など一部の鉱山施設は解体されたが、通洞坑、古河橋、古河掛水倶楽部などは文化財として保存されており、通洞選鉱所跡、社宅跡、索道塔、小滝小学校跡などさまざまな遺構も残されている（②）。一般向けに公開されている場所は、通洞坑の一部（足尾銅山観光）（③）と古河掛水倶楽部で、その他の多くは道路からの見学のみになっている。このほか、有料の施設として足尾銅山記念館（2025年開館予定）や足尾環境学習センターがあり、資料の展示も充実している。

鉱山跡は平成19（2007）年に近代化産業遺産に選ばれ、翌年には通洞坑など主要な遺構が国指定史跡に登録された。さらに、鉱山の発展とそれにともなう公害問題の解決をテーマとして世界遺産登録も目指しており、観光への活用に町を挙げて取り組んでいる。ほかの鉱山跡と比べると、足尾銅山は坑道、廃墟、鉄道、展示資料など多数の見どころがバランス良くあるのが特徴だ。見学スポットがあまりにも多く、1日ではまわりきることができないかもしれない。何度か足を運び、日本一の銅山遺構を大いに味わうのもいいだろう。

本山坑エリアの最大の見どころは製錬所跡

明治10（1877）年に古河市兵衛が足尾銅山を買収した後、本山坑エリアで本格的発展の契機となる有力な鉱脈が発見され、採鉱の中心部として繁栄していった。主役となった本山坑は非公開のため見学することはできないが、採鉱や製錬に関する数多くの遺構が残されている。

このエリアでひときわ目立つのが、巨大な遺構が残る本山製錬所跡（①）。明

③足尾銅山観光　通洞坑へはここから入場する

④製錬所大煙突　精錬所のシンボルで大正8（1919）年に建てられた

⑤古河橋　明治23（1890）年に竣工したドイツのハーコート社製の鋼製トラス橋。立ち入り禁止のため渡ることはできない

治17（1884）年に開設され、先端技術が導入されて銅生産の日本一に貢献した重要な施設であった。さらに煙害問題を解決するために脱硫技術を世界で初めて実用化し、亜硫酸ガスの大幅な排出削減に成功した。残念ながら建物の大部分は解体されてしまったが、廃墟となった巨大な貯鉱ビン、3つ並んだ硫酸タンク、レトロな雰囲気の製錬所事務所、そして基礎となる石垣などが残っている。特に高さ約45mの大煙突が圧巻の光景であり（④）、廃墟好きにも最高の場所だ。

製錬所跡の手前には重要文化財に指定されたトラス橋、古河橋が架けられている（⑤）。明治23（1890）年に建設され、そのまま現在まで残る貴重な遺構として評価されている。老朽化のため渡れないが、すぐ左にある新しい橋を進むと間もなく採鉱の中心部に入り、残された本山動力所跡や本山鉱山神社などが見られる。

製錬所跡から松木川に沿って上流に向かうと、大煙突を過ぎたあたりの右手に愛宕下社宅の跡がある。2段の石垣とともにめずらしい遺構、カラミレンガ製の防火壁を見ることができる（⑥）。さらに進むと対岸に巨大なズリ山、高原木堆積場が姿を現す（⑦）。巨大な盛り山になっており、地下からかなりの量のズリ石が掘り出されたことを物語っている。

⑥カラミレンガ防火壁　カラミレンガで造られためずらしい防火壁が愛宕下社宅跡に残る

⑦高原木堆積場　本山坑から出た不要な岩石を廃棄した場所

⑧**通洞選鉱所跡と有越鉄索塔**　通洞坑から運び出された銅鉱石の選別作業が行われた建物。奥にある白い塔は有越鉄索塔

⑨**通洞変電所**　廃墟風の建物だが、現役の変電所として稼働中

周囲の山々は煙害の被害を受けたが、植林活動により回復が進んでいる。

通洞坑エリアは昔の貴重な建築物が面白い

江戸時代は通洞坑エリアが銅山の本拠地として栄え、ちょうど真ん中を流れる渋川（渡良瀬川の支流）の上流に採掘現場が存在した。明治に入ると採鉱の主力は本山坑・小滝坑エリアに変わったが、明治29（1896）年に備前楯山の地下を貫く基幹坑道、通洞坑が完成した後は足尾の町の中枢部として発展していった。社宅や商店などが立ち並び、鉱業事務所、迎賓館なども置かれ、今も往時の面影が残る町並みが広がっている。

通洞坑エリアの見どころは明治から大正時代に建てられた建築物だ。おすすめ順に通洞選鉱所跡、通洞変電所、古河掛水倶楽部、足尾駅を挙げたい。ほかにも足尾キリスト教会など多くの建物が残り、昔の建築物が好きな方であればすべてまわってみるのもよいだろう。

通洞選鉱所跡はこのエリアの西の外れにあり、国道（足尾バイパス）から全景を眺めることが可能だ。崖場のある山の麓にひな壇状に築かれた巨大な廃墟は、解体されずに残る貴重な選鉱所である（⑧）。また、後ろの山の中腹には索道の支柱、有越（ありこし）鉄索塔がそびえ立っている。鉱山用の索道支柱は通常、鋼製または木製で、コンクリート製は非常にめずらしく、今ではここでしか見られないだろう。選鉱所から出た廃棄物を堆積場へ運ぶために索道がつくられ、昭和35（1960）年まで使用されていた。

通洞変電所は、通洞選鉱所跡からちょうど道路を挟んだ反対側にある。外観からは見事な廃墟のビルだと思ってしまいそうだが、実際は今も変電所として稼働

⑩**中才鉱山住宅**　通洞選鉱所で働く従業員の社宅で、現在も市営住宅として現役

⑪古河掛水倶楽部　明治32（1899）年に建てられ、大正初期に改築された和洋折衷の迎賓館

⑫鉱石資料館の展示　黄銅鉱を中心に閃亜鉛鉱、方鉛鉱、孔雀石など足尾銅山産のさまざまな鉱物が並べられている

し、足尾地域に電力を供給している（⑨）。また、近くには選鉱所で働く従業員のために大正元（1912）年に建設された社宅群、中才鉱山住宅が見られる（⑩）。当時の社宅の雰囲気がそのまま残り、こちらも今も市営住宅として使われている。

古河掛水倶楽部はエリアの東端、掛水にある。この一帯には旧足尾銅山鉱業事務所付属書庫、重役宅、旧足尾銅山電話交換所などの昔の建物が密集し、明治・大正時代の面影が最も残る場所だ。中でもひときわ目立つ洋風建築物が、迎賓館として建てられた古河掛水倶楽部（⑪）。内部は、洋風と和風が折り重なった豪華なつくりになっている。当時の様子も見事に再現され、大正時代のピアノや日本最古のビリヤード台が保存されている。

隣にあった幹部社員向けの社宅は鉱石資料館として利用され、足尾銅山で採れた鉱石を中心に約200点が展示されている（⑫）。銅鉱石、黄銅鉱の立派な塊や、きれいな水晶の結晶を見ることができる（⑬）。旧足尾銅山鉱業事務所付属書庫は赤レンガでつくられた建物で、足尾では数少ない現存する明治時代のレンガ建築物だ。

足尾駅は古河掛水倶楽部のすぐ近くにあり、わたらせ渓谷鐵道の現役の駅である（⑭）。元は鉱石輸送などを目的として敷設された路線で、閉山後も廃線にな

⑬足尾銅山産の黄銅鉱と水晶　金色の黄銅鉱と白色柱状の水晶からなる1級品の標本

⑭足尾駅　大正元（1912）年に建てられた木造駅舎で、昭和13（1938）年に改修された

⑮**足尾駅の車両展示**　先頭の協三工業製10tディーゼル機関車には古河鉱業の社名とロゴが入っている

⑯**小滝小学校跡**　明治26（1893）年に銅山私立小の分校として開校し、昭和31（1956）年に廃校になった

らず今も運行が続く数少ない例だ。駅の構内にはかつて同路線で走っていた気動車2両（キハ30・キハ35）、ディーゼル機関車4両、硫酸専用タンク車2両、車掌車（ヨ8000形貨車）が保存されている（⑮）。

廃墟が盛りだくさん、無人となった小滝坑エリア

小滝坑エリアは町の中心地から少し離れたところ、渡良瀬川支流の庚申川流域にある。明治18（1885）年に小滝坑が開発された後、一時期は大いに繁栄し、盛りには約1万人が暮らしていた。しかし昭和29（1954）年の小滝坑廃止にともなって一挙に人がいなくなり、3つのエリアの中で唯一の廃集落になっている。小学校跡、選鉱所跡、社宅跡、浴場跡など多くが遺構となって県道脇に残り、最も「廃墟」が楽しめる場所だ。

国道122号から県道293号に入り、庚申川に沿って2.5km進むと小滝坑エリア。まず道路の対岸に畑尾鉱員社宅の跡が現れ、石垣に囲まれた広大な平坦地が見られる。さらに300mほど進むと、右手に小滝小学校の跡（⑯）。石垣の上に広がる平地にかつて校舎があり、大正7（1918）年には児童が991人も在籍していた。

小学校跡から約550m進むと左手に小滝の里、右手に小滝選鉱所の跡が出現する（⑰）。斜面に沿って石垣がひな壇状に続いており、かつては巨大な選鉱所が建てられていた。このエリアを代表する遺構であり、廃墟好きなら興奮しそうな場所だ。選鉱所の一帯に小滝の鉱山施設が集中していたが、昭和29（1954）年の廃止とともにすべての施設が撤去された。

⑰**小滝選鉱所跡**　小滝坑で掘り出された銅鉱石の選別作業が行われた建物跡。小滝坑エリアでは最大の見どころ

⑱小滝坑夫浴場跡　楕円形の浴槽跡がそのまま残る

⑲旧小滝橋と小滝坑　大正元（1912）年に架設されたトラス橋、旧小滝橋の先に閉鎖された小滝坑が見られる

選鉱所を過ぎて橋を渡るとすぐ右手に坑夫浴場跡があり、浴槽の土台がきれいに残されている（⑱）。小滝坑の内部で働いた鉱山労働者たちが、仕事を終えた後に体を洗った場所だ。さらに進むと明治時代の鉄橋、旧小滝橋とともに小滝坑が姿を現す（⑲）。明治18（1885）年から昭和29（1954）年まで使われた坑道で、中には入れないがコンクリートでつくられた立派な入口が残る。また、対岸には小滝火薬庫跡が残り、火薬を保管した穴が今も口を開けている。

トロッコ列車に乗って入れる数少ない坑道

無数に開かれた坑道の中で、通洞坑の

⑳通洞坑　明治18（1885）年に開さくが始められ、11年後に完成。鉱石の運搬坑道として大活躍した

㉑トロッコ列車　トモエ電機工業製の蓄電池機関車が先頭で、日本輸送機製の蓄電池電車3両が連結されている

㉒通洞坑内　幅の広いトンネルで太い坑木(こうぼく)が組まれているのが特徴。この場所でトロッコ列車から下車する

㉓江戸時代の採掘風景　鏨(たがね)とハンマーによる手作業で採掘が行われた

㉔明治・大正時代の採掘風景　昭和時代のものとは異なる旧式のさく岩機がポイント

み内部の見学が可能だ（⑳）。ほんの入口付近に限られるが、全長460ｍが観光坑道として整備されている。しかもトロッコ列車に乗って入坑できる、全国に2か所しかない貴重な場所だ（㉑）。入口にあるステーションで乗車してそのまま通洞坑に入り、150ｍほど進んで到着する（㉒）。乗車時間は約7分。ここから枝分かれする坑道に入り、徒歩で見学していく。

坑道内における見学内容は、採掘風景の復元と奥の銅資料館の2つ。採掘の復元は（1）江戸時代、(2）明治・大正時代、(3）昭和時代の3つの年代に分かれ、手掘りから機械採掘に至るまでリアルな人形で再現されている（㉓）。特に注目すべきポイントが、明治・大正時代の展示だ。この時代の再現展示があるのは足尾銅山だけで、昭和時代よりも古い型のさく岩機を使って坑道を掘る様子が復元されている（㉔）。また、坑内水から沈殿して生成した天然の銅「沈澱銅」が見られ、これを観察できる場所もここだけだ（㉕）。

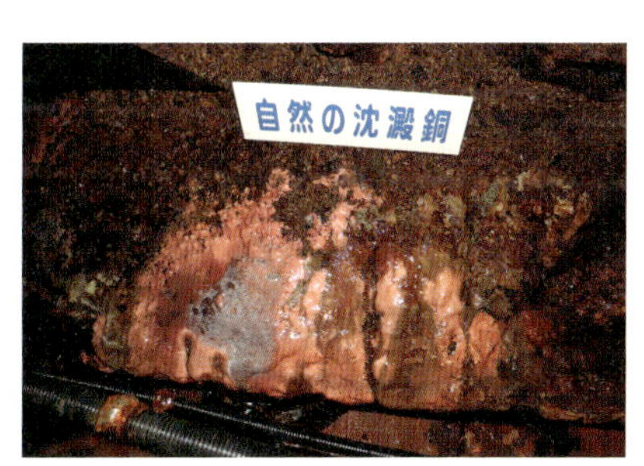

㉕沈澱銅　坑道の足元に赤がね色の銅が生成し続けている

㉖**足尾15型電気機関車**　明治23（1890）年に足尾銅山工作課で製造された、現存する国内最古の電気機関車

㉗**さく岩機体験コーナー**　さく岩機を握りながら脇のスイッチを押すと振動が伝わってくる

銅資料館には横間歩立坑の復元、足尾銅山産出の鉱石､銅インゴット､選鉱場・製錬所の模型、足尾15型電気機関車などの展示のほか、シアターで銅山を紹介するコーナーなどがある。最も貴重な展示物は、現存する最古の電気機関車だ（㉖）。明治23（1890）年に足尾銅山工作課が製造し、翌24年に国内初の電気鉄道が本山坑～製錬所間に敷設され、この区間で鉱石の運搬に使用されていた。

坑道から出るとさく岩機体験コーナー、江戸時代の選鉱・製錬の復元、トロッコなどの展示、足字銭の製造過程を紹介する資料館（鋳銭座）などがある。中でも目ぼしいものが全国的にもめずらしい、さく岩機体験コーナーだ（㉗）。本物の機械に触れながら、岩に孔を掘るときの振動を実際に味わうことができる。

㉘**鉄道車両の展示**　坑道内で鉱石や人員の輸送に活躍した電気機関車、蓄電池機関車、人車、1t角鉱車が並べられている

また、トロッコ類の展示も充実しており、坑道内で使われた自社製の5t電気機関車、ニチユ製の蓄電池機関車、ローダー、人車、1t角鉱車などが置かれている(㉘)。

鉱床・鉱物 鉱脈と塊状鉱床からなる日本最大の銅鉱床

足尾銅山の地質は中生代ジュラ紀の地層（泥岩、砂岩、チャート）と新第三紀中新世の流紋岩、凝灰岩から構成されている。鉱床は鉱脈型鉱床と塊状型鉱床の2つのタイプが存在する。前者はデイサイトの貫入にともなって発生した熱水が、岩盤の割れ目を埋めて形成された鉱脈である。鉱脈の数は1400か所を越え、国内トップの数だ。後者は河鹿鉱床と呼ばれ、チャートの層の中に挟まれる塊状の鉱体である。

鉱脈型・塊状型の両者とも黄銅鉱が主要な銅鉱石として採掘された。また閃亜鉛鉱、方鉛鉱、黄鉄鉱、鉄マンガン重石、錫石、硫砒鉄鉱、自然蒼鉛などさまざまな鉱物が発見されており、鉱物の宝庫としても知られている。

銅の生産量は江戸時代に約14.9万t、明治以降は約67.5万tの合計約82.4万tであり、堂々たる国内第1位だ。備前楯山を中心に地下に坑道が張りめぐらされており、総延長はなんと1234kmにもおよぶ。また、通洞坑を基準に上方に600m、下方に450m掘り込まれており、上下方向の深さが1000m以上に達する。

歴 史 古河市兵衛の経営により国内第一位の銅山へと成長

本鉱山は戦国時代の天文19（1550）年に地元の農民により発見されたといわれている。江戸時代初めの慶長15（1610）年から幕府の直轄領として採掘が始まり、次第に発展していった。延宝4（1676）年から12年間は毎年1300～1500tの銅を産し、江戸時代の最盛期を迎え、当時は足尾千軒と呼ばれるほど繁栄していた。しかし、その後は徐々に衰退に向かい、文化・文政年間（1804～1830年）には廃山同様に陥っていた。

明治時代に入ると政府の所有になったが、明治5（1872）年に民間に払い下げられた。明治10（1877）年には古河市兵衛が買収し、経営に着手した結果、明治14（1881）年に大直利（有望な鉱脈）が発見された。これが日本一の銅山に発展する契機となり、旧来の採掘方法から脱却させるため近代的技術が導入された。その結果、生産量が急激に増加し、早くも明治17(1884)年には国内第1位の銅山にのし上がった。翌明治18年からはより大規模な設備投資が行われ、通洞坑の開さく、さく岩機の採用、水力発電所の建設などが行われた。産銅量もしだいに増加して、明治26（1893）年に全国産銅量の31%を占めるようになった。

一方で銅の大量生産にともなって日本初の公害事件が発生した。重金属を含んだ廃水が渡良瀬川流域の水質や農地を汚染し、さらに製錬所で排出された亜硫酸ガスが周囲の山林を荒廃させた。これが社会問題化すると政府により対策が命じられ、鉱害防除施設が建設された。一定の成果は出たものの、完全な解決には至らず、この問題が終結するまでに長い年月がかかった。

明治後期から大正時代の初めにかけて新鉱脈が相次いで発見され、大正時代に入ると産銅量が1万tを超えた。大正時代の初め頃が史上最も繁栄し、大正5（1916）年には栃木県内で第2位の人口となり、翌6年には産銅量1万7387tを記録した。しかし良質な部分を取り尽くし、品質の悪い鉱石が増えるようになったため産銅量も次第に減少していった。太平洋戦争中には政府の増産命令により強制的な採掘が行われたため、戦後はさらに衰退した。ついに鉱石が枯渇したため、昭和48（1973）年に閉山した。

明延鉱山（あけのべ）

日本遺産
近代化産業遺産

昭和のまま残る坑道と超巨大な廃墟が魅力、日本一の錫鉱山跡

Data

【所在地】兵庫県養父市
【施設】あけのべ自然学校　079-668-0258
【営業・見学】4月第1日曜～11月第1日曜までの日曜は予約不要（10～15時）、それ以外の日は予約制／8時30分～17時／入場料（個人）：大人1200円
【主な産出物】銅・鉛・亜鉛・錫・タングステン
【操業・歴史】天平年間（729～749年）～昭和62（1987）年

但馬地域にあった国内最大の錫鉱山

錫（すず）はメジャーな金属の1つで、青銅などの合金の材料として太古から利用されてきた。日本でも錫の使用は2000年以上前の弥生時代の青銅器から始まり、奈良時代には東大寺大仏の鋳造にも使われた。現在もはんだやブリキ、電子部品や化成品など用途が広い重要な金属だ。

錫の鉱山は金、銀、銅などと比べると数は少なかったが、50か所ほど存在した。今ではすべて閉山してしまったが、昭和の終わり頃にかけて盛んに採掘されていた。その中で全国1位だったのが、現在の兵庫県養父市にあった明延鉱山だ。ほかの錫鉱床と比べるとずば抜けて巨大な鉱山で、国内生産量の大半を占めていた。

明延鉱山は県北部の山間部、但馬地域にある。この地域はかつて国内有数の鉱

①明延鉱山探検坑道　昭和時代の「生」の坑道を体験できる日本随一の坑道学習施設

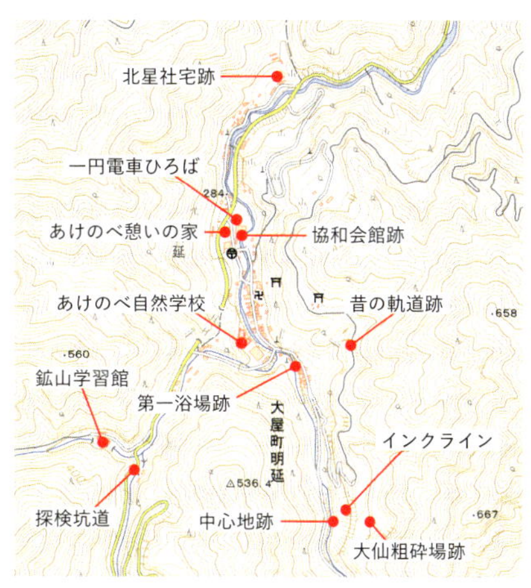

②見どころ分布図（地理院地図（電子国土Web）を基に作成、2.5万分の１地形図「大屋市場」に対応）

山地帯であり、100か所を超える金属鉱山が存在した。明延鉱山は生野鉱山と双璧をなす最大級の鉱床で、神子畑（みこばた）鉱山とともに近代鉱山として開発された。そして、これらの3鉱山を結ぶために3つの道が整備された。

第1の道が姫路～生野間の馬車道、第2の道が生野と神子畑をつないだ馬車鉄道、そして第3の道が神子畑から明延までを結んだ明神電車であった。明延鉱山で産出した鉱石はこれらのルートをたどって輸送され､銅や錫が生み出された。今では日本遺産「播但貫く、銀の馬車道 鉱石の道」に認定され、産業遺産をめぐる観光ルートになっている。

明延鉱山跡は市南部の大屋町明延にある。この地区一帯が鉱山町として栄えた場所で、坑道を中心に一円電車や鉱山遺構、町並みなどを見学できる（②）。さらに、山を越えた反対側の朝来市神子畑には巨大な選鉱場の跡があり、人気の観光スポットになっている。明延鉱山を起点に鉱石の道をたどりながら、さまざまな鉱山遺構を味わってみよう。

昭和時代にタイムスリップできる探検坑道

明延鉱山の坑道の長さは約550km、深さは約1000ｍにも達する。このうち世谷通洞坑の入口周辺の650ｍが、探検坑道として一般向けに公開されている（③）。生野鉱山などで見られる観光坑道とは異なり、ここは通路の舗装等の改修がされておらず、当時のままの状態で保存されている。坑道探検とともに、昭和時代の操業当時にタイムスリップしたような雰囲気を楽しめるのが、本鉱山の魅力だ（①）。

世谷通洞坑は、西部の鉱脈を採掘するために基幹坑道として掘られたものだ。中に入るとむき出しの床にトロッコ線路が現れ、奥には採掘跡や立坑ケージ、漏斗、鉄パイプなどが残されている。立坑ケージ等の設備が閉山後そのままの姿で保たれているのが特色で（④）、採鉱で活躍した各種鉱山機械なども展示されて

③世谷通洞坑　明延鉱山の主力坑道の１つで、昭和18～19（1943～1944）年頃に開さくされた

④**大寿立坑**　主要立坑の１つ。西部地区の地下深部の開発に貢献した。深さは約420ｍに達する

いる。

坑道内の１番の見どころが、入口近くの2階にあるシュリンケージ採掘跡(⑤)。主要鉱脈の1つ、七脈を採掘した跡であり、見上げると圧巻の眺めが味わえる。この直下の1階の天井には鉱脈が露出しており、白い石英脈を間近で観察することができる。また、この鉱脈は右隣にある蓄電池機関車の充電所跡まで連続している。ここは旧掘割りと呼ばれる江戸時代の採掘跡が残り、地表へ貫通している様子も確認できる(⑥)。

採鉱で活躍した貴重な鉱山機械と車両

明延鉱山では採鉱の機械化が進められ、さく岩機をはじめとする鉱山機械が大いに活躍した。さらに、終末期には線路を使わないトラックレスマイニング工法が採用され、タイヤ式やキャタピラ式の重機も導入された。坑道内にはこれらのさまざまな機械が展示されており、国内で見学できる坑道の中では最多の数を誇る。

特におすすめしたいのは、トラックレスマイニング工法で使用された特徴ある重機の数々。さく孔に活躍したクローラ

⑤**シュリンケージ採掘跡**　鉱脈を掘り抜いた跡にできた縦長の空洞で、高さは約20ｍに達する

⑥**旧掘割り**　たぬき掘りで鉱脈を採掘した跡。近代の採掘跡と比べると幅が狭いのが特徴

⑦**クローラジャンボ**　2台のさく岩機を搭載したキャタピラ式の掘削機

⑧**坑内で活躍したタイヤ式の重機**　左が坑内用ダンプトラックで、右がロードホールダンプ

ジャンボ（⑦）、ストーピングワゴン、鉱石の積み込みに使われたロードホールダンプ（⑧）やマインメント、運搬に用いられた坑内用ダンプトラックやマインデンターなどが飾られている。いずれも迫力ある大型の機械で、明延鉱山でしか見ることができないたいへん貴重なものばかりだ。

これらのめずらしい重機に加え、さく岩機、スクレーパー、ボーリングマシーンなどよく見かける一般的な鉱山機械も展示され、蓄電池機関車、1t鉱車、ローダーなどの軌道車両もある。一押しはミニブームジャンボ（⑨）。軌道タイプの大型の掘削機で、型式の異なる2台を間近で眺めることができる。レール式のボーリング機もめずらしく、見られるのは明延だけだ。

⑨**ミニブームジャンボ**　1台のさく岩機を搭載した軌道式の掘削機。手前のものは東洋工業製

全国的に有名な超巨大廃墟、神子畑選鉱場

明延鉱山で採掘された鉱石を選別処理した施設が、神子畑選鉱場だ。鉱山から南東に約6km離れた朝来市神子畑地区にあり、第3の道である明神電車により鉱石が輸送された。この地区にはもともと銀を掘った神子畑鉱山が存在したが、鉱石の枯渇により大正6（1917）年に閉山。大正8（1919）年に大がかりな選鉱場が建設され、選鉱の町として生まれ変わったが、明延鉱山の閉山と同時に操業停止となり平成16（2004）年に建屋が解体された。

神子畑選鉱場跡は坑道とともに明延鉱山を代表する見どころで、山の斜面に沿って残る超巨大な廃墟（⑩）。かつては東洋一とうたわれた選鉱場であり、24時間稼働し不夜城と呼ばれた。ここは産業遺産としてもよく知られている場所で、22段もあるひな壇状の基礎部分が

⑩神子畑選鉱場跡　鉱石を選別する施設の跡で、長さ170m、幅110m、高さ75mの大きさを誇る

⑪インクライン　線路の長さは165m、傾斜は26度あり、正面に見える白い建物が操作室

残り、高さは22階建てのビルに相当する。壮大なスケール感で、素晴らしい眺めを味わうことができる。

選鉱場の跡には付属設備としてインクラインとシックナーが備わっており、外観のみ見学することができる。インクラインは物資などを運んだ傾斜軌道で、頂上の操作室と線路がそのまま保存されている（⑪）。特にレールが付いた状態で残るインクラインは非常にめずらしく、明延鉱山でしか見ることができない。

シックナーは迫力ある巨大な円形遺構で、ここでは2つが同時に眺められる（⑫）。内部にはマルスポンプや電源盤などが残されており、選鉱で使われた浮選機やボールミル、テーブルなども置かれている。ほかに神子畑鉱山の事務所として使われた洋館、ムーセ旧居があり、内部には神子畑選鉱場の写真や模型などが展示されている（⑬）。

「一円電車」に乗るなら イベント時がチャンス

明延鉱山では坑道の中から外に至るまで鉱石輸送に軌道が活躍していた。当時使用された機関車やトロッコなどの車両は、鉱山学習館、あけのべ憩いの家、神子畑選鉱場跡などに展示されている。ま

⑫シックナー　円形の非ろ過分離装置で、その直径は約30mある

⑬ムーセ旧居　仏人技師ムーセの宿舎として明治5（1872）年に生野鉱山に建てられたが、後に神子畑へ移築された

⑭**復元された軌道**　平成13（2001）年頃に旧ズリ捨て線に軌道が復元され、人力トロッコ列車が走っていたが、現在は中止されている

⑮**一円電車「くろがね号」**　一円電車の中で最大の客車であり、昭和24（1949）年に神子畑機械工場で製造された

た、昔の軌道跡の一部が散策路となっており、軌道が復元されている（⑭）。

最も注目したい車両は「一円電車」だ。明延と神子畑間を結んだ客車の運賃が1円であったことにちなんだ愛称で、従業員の通勤のみならず地元住民の足としても利用された。明延の町の中心部には「あけのべ一円電車ひろば」が整備されており、その客車の1つである「くろがね号」が動かせる状態で保存されている（⑮）。イベント開催時のみ、蓄電池機関車に牽引されながら乗車することができる。

最も多くの車両が展示されている場所は、鉱山学習館の屋外展示場だ（⑯）。明神電車を構成する架線式10t電気機関車と5tグランビー鉱車が、セットで保存されている。さらに一円電車「あかがね号」（⑰）や大きさの異なる2つの蓄電池機関車（2tタイプと3tタイプ）も展示されている。

鉱山町だった明延に残る さまざまな遺構と建物

明延の町は鉱山とともに繁栄し、最盛期の昭和30年代には4000人以上の住民が暮らしていた。今も社宅、小学校、浴場、古い民家や商店などの建物や、ズリ山等の鉱山遺構が町内に分布しており、当時の面影がそのまま残されている。解説板も各所に設置されており、鉱山町め

⑯**明神電車の展示**　両端が10t電気機関車で、中央の2両が5tグランビー鉱車

⑰**一円電車「あかがね号」**　明延鉱山工作課で製造された客車

⑱**中心地跡に残るズリ山**　採掘で発生した膨大な量のズリが堆積しており、左側にはインクラインの線路が残る

⑲**北星社宅跡**　手前の細長い建物が長屋で、奥に見える2階建ての住宅がプレコン社宅

ぐりが楽しい。

一押しの見学スポットは、明延鉱山の中心地跡だ。かつて総合事務所、中央立坑、大仙粗砕場、明神電車の駅などの施設が立ち並び、採鉱の心臓部であった。敷地内には入れないが、ズリ山を中心にインクライン、疎水坑、踏切などを眺めることができる（⑱）。特にズリ山は広大な面積を誇り、圧巻の景色だ。採掘された鉱石はこのズリ山の上にあった粗砕場で粉砕された後、トロッコに積み込まれて神子畑へ搬出された。

当時の主要な建物として北星社宅跡、協和会館跡、第一浴場跡がある。北星社宅跡は町の入口付近にあり、木造の長屋4棟と鉄筋コンクリート製のプレコン住宅8戸が保存されている（⑲）。協和会館跡は一円電車ひろばのすぐ右隣にある大きな建物で、従業員の娯楽、集会施設として使われた。第一浴場跡は町の外れにあるかつての共同浴場だ（⑳）。現在は明延ミュージアムとして不定期に開館しており、内部は鉱石や鉱山で使われた道具類などが展示されている。

鉱石や道具などが保存された鉱山学習館

探検坑道の出口付近にある鉱山学習館は、閉山後に西部採鉱課事務所を改修してつくられた展示施設だ。内部には当時

⑳**第一浴場跡**　昭和9（1934）年に明延で最初に建てられた共同浴場。6つあった共同浴場のうち現存する唯一のもの

㉑**鉱山学習館内部の様子**　真ん中の机には各種鉱山道具、壁側には写真や歴史などを紹介するパネルが飾られている

の写真や資料、鉱石、さく岩機やヘッドランプ等の鉱山道具、坑道および鉱山断面の模型などが展示されている（㉑）。これら資料から当時の採鉱の様子を詳しく学ぶことができる。

おすすめの展示物は、明延鉱山産出の鉱石。錫石、鉄重石、黄銅鉱、閃亜鉛鉱、方鉛鉱などさまざまな種類の鉱石鉱物が並べられている（㉒）。中でも特大の錫鉱石は見事なもので、表面はきれいに研磨されている。

㉒明延鉱山産出の鉱石鉱物　手前には左から順に鉄重石、黄銅鉱、閃亜鉛鉱、奥には錫石が置かれている

鉱床・鉱物　錫を主体とする多金属型の鉱脈鉱床

明延鉱山周辺の地質は主として古生代ペルム紀の火成岩（玄武岩、閃緑岩、斑れい岩）および堆積岩（砂岩、泥岩、凝灰岩、チャート）から構成されている。鉱床はこれらの岩石の割れ目を埋めて生成した多金属型の鉱脈鉱床であり、錫、タングステン、銅、亜鉛、鉛を主体としている。

鉱脈は東西約4.5km、南北約2kmの範囲内に120か所以上が存在し、明延断層を境界に東部地区と西部地区に分けられる。また、金属成分の帯状分布が認められ、錫-タングステン帯、銅-錫帯、銅-亜鉛帯、鉛-亜鉛帯が存在する。それぞれの帯に応じて鉱物の組み合わせが異なる。

主要な鉱石鉱物は黄銅鉱、閃亜鉛鉱、方鉛鉱、錫石、鉄重石であり、このほか少量の斑銅鉱、硫砒鉄鉱、自然蒼鉛、輝蒼鉛鉱、磁鉄鉱などが産出する。脈石鉱物は石英を主体とし、蛍石、方解石、菱鉄鉱、緑泥石などがともなわれる。全部で40種類ほどの鉱物が報告されている。

歴　史　三菱の経営により日本一の錫鉱山へと大発展

明延鉱山は天平年間（729～749年）に発見され、奈良の大仏をつくるために銅を献上したと伝えられる。その後、安土桃山時代の天正年間（1573～1592年）に銀が発見され、銀山として盛大に稼行された。江戸時代になると徳川幕府の生野奉行の支配下となり、寛永年間（1624～1644年）より銅の採掘が盛んに行われるようになった。

明治元（1868）年、生野鉱山とともに官営鉱山となり、明治29（1896）年には三菱合資会社（現在の三菱マテリアル）へ払い下げられた。明治42（1909）年、ズリ石から錫石が発見され、翌年から本格的な錫の採掘が開始された。国内最大の錫鉱山へと発展し、大正8（1919）年には神子畑選鉱場、昭和4（1929）年には明神電車が完成した。

昭和に入ると出鉱量は増加の一途をたどり、太平洋戦争中の昭和18（1943）年には過去最高を記録。戦後も昭和30年代から40年代にかけて最盛期を迎え、全国の錫生産量の9割以上を占めていた。しかし昭和60（1985）年のプラザ合意後の急激な円高により経営が大幅に悪化したため、まだ採掘可能な鉱石を残して昭和62（1987）年に閉山した。

さまざまな鉱山機械

Column

近代の坑道内では、鉱山特有のさまざまな機械が利用された。特に採掘で活躍したのが、さく岩機、スラッシャーとスクレーパー、ローダーの3つだ。これらの機械は本書で紹介している観光坑道内や資料館などに数多く展示されている。ほかにも巻上機、ボーリングマシーン、コンプレッサーなどがあり、施設ごとに特色ある機械を目にすることができる。

①さく岩機　野田玉川鉱山の坑道内に展示されているレッグ式のもの。穿孔作業の様子が再現されている

さく岩機は圧縮空気を動力とする掘削用の機械で、岩盤に小さな孔を掘るために利用された（①）。水平向きのレッグ式と上向きのストッパーがあり、それぞれ状況に応じて使い分けられていた。このさく岩機で掘られた孔にダイナマイトが装填され、発破により坑道が掘り進められた。ジャンボーと呼ばれる、複数のさく岩機が備え付けられた機械もあり、通常のレッグ式よりも効率よく作業を行うことができた。

スクレーパーは平らなバケットのような形をした装置で、これを動かすための電動機がスラッシャーだ（②）。2つの機械はワイヤーロープでつながっており、スラッシャーを操作してスクレーパーを前後に動かした。これらは、発破後に坑道内に散らばる鉱石やズリを1か所にかき寄せるために使用された。

ローダーは箱型のバケットが付いた鉱山特有の車両。さく岩機と同様に圧縮空気で動かされていた（③）。採掘した鉱石を前部のバケットですくい上げて、トロッコに積み込む。軌道式とタイヤ式の2つのタイプがあり、前者が多くの鉱山で使われた。後者は明延鉱山など一部の鉱山に限られていた。

②スラッシャーとスクレーパー　左のバケットがスクレーパーで、右の装置がスラッシャー。尾去沢鉱山の坑道内に展示されたもの

③ローダー　積み込み作業の様子が再現されている。尾去沢鉱山の坑道内に展示されたもの

尾去沢鉱山（おさりざわこうざん）

国内最大の鉱山地帯にあった銅山跡に「日本一」の観光坑道

Data

【所在地】秋田県鹿角市
【施設】史跡尾去沢鉱山　0186-22-0123
【営業・見学】4月～10月：9時～17時、11月～3月：9時～15時30分（年中無休）／入場料は史跡尾去沢鉱山のHP参照
【主な産出物】金・銅
【操業・歴史】慶長4（1599）年～昭和53（1978）年

銅の産出量が全国第5位の巨大鉱山

日本の経済を支えた金、銀、銅などの金属鉱山は、ほぼすべてが閉山してしまった。だが、一部の鉱山跡は観光資源として活用され、一般向けに公開されている。採鉱の主役であった坑道は「観光坑道」として生まれ変わり、採鉱風景や鉱山機械、トロッコ、採掘跡などを紹介する地下博物館になっているところもある。

国内には坑道を見学できる鉱山跡が20か所ほどあるが、坑道が最も楽しめる場所としておすすめしたいのが秋田県北東部の鹿角市にある尾去沢鉱山跡だ。見学可能な範囲が1.7kmと観光坑道のなかでは最も長いここは、かつて産出量が全国で五指に入る巨大な銅山だった。

尾去沢鉱山が所在する県北東部は「北鹿（ほくろく）地域」と呼ばれ、国内最大の鉱山地帯であった。およそ30km四方のエリアにものすごい数の鉱山が密集し、全部合わ

①史跡尾去沢鉱山全景　採鉱事務所跡につくられた観光施設で、正面に観光坑道の入口（石切沢通洞坑）がある

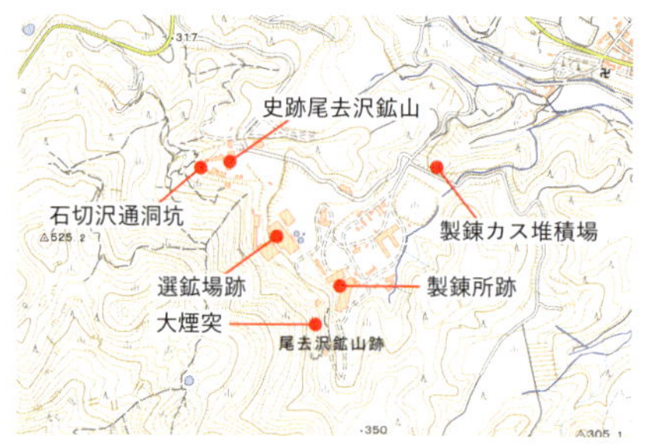

②**見どころ分布図**（地理院地図（電子国土Web）を基に作成、2.5万分の1地形図「花輪」に対応）

③**鉱脈大規模採掘跡PART3**　卯酉鐙10割を採掘した跡。全長50 m、高さ30 mほどの巨大な断崖が通路に沿って続いている

せると100か所以上にも達した。これらは鉱脈型鉱床と、小坂鉱山の項目で述べる黒鉱（くろこう）型鉱床の2タイプに分かれ、鉱脈型では本鉱山が最大規模を誇っていた。

鉱山跡は市の中心部から近く、麓には今も鉱山町の名残がある。採鉱事務所の跡地には観光施設がつくられており、観光坑道に加えて鹿角市鉱山歴史館や砂金採り体験場も併設されている（①）。鉱山施設はほぼすべて解体されたが、製錬所跡や選鉱場跡、大煙突などの遺構は道路脇から眺めることができる（②）。尾去沢では廃墟や車両、展示資料などまんべんなく見学できるが、1番の見どころはやはり日本一長い観光坑道だ。

多くの銅鉱脈と巨大な採掘跡

総延長800kmにもおよぶ坑道の一部（1.7km）が観光用に改装され、標準コースと特別コースに分かれている。標準コースは近代の採掘跡と江戸時代の作業風景、特別コースでは近代の採掘風景および機械や車両の展示が主な見どころになっている。石切沢通洞坑がこの入口で、主要鉱脈の1つであった卯酉鐙（うとりひ）の採掘跡を中心に見学コースが設けられている。ほかの観光坑道と比べると、本鉱山は鉱脈を掘り抜いた跡を最も多く観察できるのが1番の特色だ。

坑道内での最大の見どころは、シュリンケージ採掘跡。鉱脈を採掘した跡にで

④**鉱脈大規模採掘跡PART1**
卯酉鐙13割を採掘した跡。高さ30 mほどの細長い空洞になっている

⑤**銅鉱脈**　黄銅鉱-黄鉄鉱-石英からなる鉱脈で、表面には緑色の孔雀石が生成している

きた大きな空洞で、本鉱山では大規模なものを5か所で見ることができる。最大のものは「鉱脈大規模採掘跡PART3」で、マインキャニオンとも呼ばれるほど上下に広く掘られた圧巻の空間が広がっている（③）。この手前には「鉱脈大規模採掘跡PART1」があり、木の足場が等間隔に並んでいる様子を眺めることができる（④）。

採掘跡だけでなく鉱脈そのものも多数あり、坑道内の各所で観察することができる。いずれも卯酉鐽に属する銅鉱脈で、黄銅鉱-黄鉄鉱-石英の組み合わせからなる。最も太い鉱脈は鉱脈大規模採掘跡PART3のすぐ先の天井にあり、迫力ある脈を間近で見られる（⑤）。

昭和時代と江戸時代の採鉱風景を再現

観光坑道内では、近代（昭和時代）と近世（江戸時代）の採鉱風景が等身大の人形で再現されている。近代のほうは鉱山機械とセットの作業風景に加え、実際に使用された坑内事務所、坑内休憩所、坑内機械修理工場、火薬庫、立坑、トロッコや機関車等の車両などを一通りすべて見学することができる。

⑥**上向穿孔**　木の足場を組んで、上向きのさく岩機で孔を開ける作業が再現されている

近代では鉱脈の採掘にさく岩機が大活躍し（⑥）、掘り出された鉱石は漏斗に落とされ、ここからトロッコへ積み出された（⑦）。また、坑道内の上下間の移動には垂直に掘られた立坑が利用された。ここでは、観光施設となった鉱山跡の中では最多の2か所の立坑ケージを見

⑦**漏斗**　木製の鉱石の積み出し口で、シュリンケージ採掘現場の下に設けられた。ほかの鉱山の観光坑道よりも多く残されている

⑧卯酉立坑　鉱石や人員の垂直移動に活躍したエレベーターで、上下間に150ｍの長さがある

⑨手堀りによる採掘　たぬき掘り坑道の入口付近に鑿(のみ)と槌(つち)による採掘風景

学できる（⑧）。

江戸時代の手掘りによる採掘、水替え、選鉱（からめ場）などの作業の様子は、標準コースの終点近くに復元されている（⑨）。この一帯には当時のたぬき掘りで掘られた古い坑道が多数残され、中でも注目すべきものが隠れキリシタンの展示だ（⑩）。江戸時代初期に幕府により弾圧され、尾去沢鉱山に鉱山労働者として潜伏していた姿を再現人形で見ることができる。

鉱山で活躍した
さまざまな鉄道車両

坑道内には線路が張りめぐらされ、鉱石や資材などの運搬に鉄道車両が使われた。この当時使用された電気機関車、蓄電池機関車、角型鉱車、グランビー鉱車、ローダーなどが坑道内部と屋外に展示されている。また、観光坑道内の足元はセメントで固められているが、多くの場所でレールがそのまま残され（⑪）、線路と車両のセットで鉄道が楽しめる。

ひときわ目立つ車両が、トロリー式の電気機関車（⑫）。通洞坑などの基幹坑道には架線が引かれて、トロリーポールの付いた電気機関車がトロッコを連結して走っていた。採掘現場から坑内貯鉱場までの鉱石移動には、小型の蓄電池機関車が使われた（⑬）。また、鉱石の輸送

⑩隠れキリシタン　坑道内で神に祈りを捧げる様子が再現されている

⑪坑道内に残るレール　軌間500mmの線路が敷かれ、多くは単線であるが写真の通洞坑では複線になっている

⑫**トロリー式の電気機関車**　三菱電機製のもので、グランビー鉱車とともに観光坑道の入口に展示されている

⑬**2 t 蓄電池機関車**　バッテリーで動くニチユ（日本輸送機）製の機関車

には通常のトロッコよりも大型のグランビー鉱車が使われ、施設内に数多く置かれている。

観光施設の入口付近には、最寄りの鹿角花輪駅で使用されたディーゼル機関車が保存されている（⑭）。製錬が廃止された後、選鉱場で処理された鉱石は索道で同駅まで運ばれ、この駅から貨車で出荷された。機関車は鉱石などを積んだ貨車の入れ替え作業で活躍していた。

見事な製錬所と日本一だった選鉱場の二大廃墟

かつて坑道の外には、2つの巨大な鉱山施設、選鉱場と製錬所が立ち並んでいた。建屋は解体されてしまったが、基礎部分のみの広大な遺構が残されている。敷地内へは入れないものの、公道から廃墟好きにはたまらない圧巻の光景を味わうことができる。

一押しは製錬所のほうで、荒涼とした山肌にコンクリート製の見事な廃墟が佇んでいる（⑮）。鉱山のシンボル、大煙突が空に向かってそびえ立ち、その下には朽ち果てた製錬所の遺構が広がる。さらに、道路のすぐ横には製錬カスを廃棄したカラミ堆積場が見られる（⑯）。谷一帯が莫大な量のカラミで埋め尽くされ

⑭**DB-3IL**　昭和38（1963）年に製造された日本輸送機製の10tディーゼル機関車

⑮**製錬所跡**　広大な製錬施設の廃墟とこれに続く煙道、大煙突がセットで残る

⑯製錬カス堆積場　製錬所の手前にある堆積場で、黒く見えるものがカラミ（製錬カス）

ており、往時盛んに採掘・製錬が行われたことを物語っている。

選鉱場は製錬所の右隣にあり、ひな壇状に築かれた大規模な基礎が残されている（⑰）。木が生い茂ったため以前より見えにくくなってしまったが、今もある程度は眺めることができる。最盛期には1か月に10万tの鉱石を処理する能力を有していたそうで、有名な北沢浮遊選鉱場や神子畑選鉱場をも上回り、意外にもここが日本一の選鉱場だった。

尾去沢石など1級品の鉱石が見られる鉱山歴史館

鉱山歴史館は、鉱石、鉱山道具および歴史資料の3つを中心とする展示資料館になっており、尾去沢鉱山の地質から採鉱、歴史まで詳しく学ぶことができる。主な収蔵品として、本鉱山を中心に国内外で産出した鉱石、さまざまな鉱山道具や採掘機械、江戸時代の古文書や絵図、坑道や選鉱場の模型などがある。

展示物の中で1番のおすすめは鉱石だ（⑱）。黄銅鉱、黄鉄鉱、閃亜鉛鉱、方鉛鉱、水晶、重晶石、菱マンガン鉱、自然銅、孔雀石、ナルミ金鉱など、尾去沢鉱山産出のさまざまな鉱物が飾られている。どれもが1級品の素晴らしい標本で、大型で見栄えの良いもの、美しい結晶を示すものなど、鉱物好きにはたまらない場所になっている。

⑰選鉱場跡　正面に見えるひな壇状の廃墟が選鉱場跡であり、左手と右手には廃屋がそれぞれ残されている

⑱鉱石展示の様子　鉱山歴史館の一角に尾去沢鉱山産出の鉱石が陳列されている

中でも最も注目すべき鉱物は尾去沢石(⑲)。酸化した方鉛鉱の表面に生成した黄緑色の鉱物で、尾去沢鉱山から世界で初めて発見された新鉱物である。国内では本鉱山を含めて3か所のみからしか発見されておらず、特に尾去沢鉱山産のものはたいへんめずらしい存在。これは原産地で産出した、貴重な標本だ。

⑲尾去沢鉱山産の尾去沢石　卯酉鏈のすぐ南にある正徳鏈の上３番坑内で採取されたもの

鉱床・鉱物　黄銅鉱を主体とし、さまざまな鉱物が出てくる鉱脈型鉱床

鉱山周辺の地質は新第三紀中新世の堆積岩（泥岩、凝灰岩）と、これを貫く火山岩（デイサイト・安山岩）から構成されている。鉱床は泥岩、凝灰岩および安山岩の割れ目を埋めて生成した鉱脈型鉱床だ。東西2km、南北3kmの範囲内に500か所を超える鉱脈が存在し、東西系と南北系の脈に二分される。

鉱石は基本的に黄銅鉱、黄鉄鉱、緑泥石、石英の4つからなるが、閃亜鉛鉱、方鉛鉱、菱マンガン鉱、重晶石、方解石などが一部にともなわれる。南北系の鉱脈の上部は金銀が多く含まれたため、金銀鉱として採掘された。この部分はナルミ金鉱と呼ばれ、緑泥石、赤鉄鉱、石英からなる鉱石が産出し、自然金が含まれる。東西系の鉱脈は鉛・亜鉛に富み、多量の閃亜鉛鉱と方鉛鉱がともなわれた。

鉱床上部の酸化帯には自然銅、赤銅鉱、藍銅鉱、孔雀石、硫酸鉛鉱など色とりどりの２次鉱物が形成されていた。さらに尾去沢石、コーク石、フェリコピアポ石などの希産鉱物も発見されている。２次鉱物を中心に、さまざまな鉱物が産出したのが特徴だ。

歴　史　三菱の経営により国内五指に入る銅山として大繁栄

尾去沢鉱山は1000年以上昔の和銅元（708）年に発見されたと伝わる。慶長3（1598）年、のちの金山奉行となる北十左衛門が金鉱を発見し、江戸時代初期にかけて金山として大いに栄えた。元禄8（1695）年には銅鉱が見つかり、次第に銅山へと移行した。明和2（1765）年から南部藩の直営となり、幕末まで採掘が続いた。

明治時代に入ると経営者が転々と変化したが、明治22（1889）年に岩崎家（三菱）の手に移った。明治26（1893）年には三菱合資会社の経営となり、近代的な設備を導入した本格的な採鉱が始まり、生産量も次第に増えていった。大正6（1917）年には浮遊選鉱法を導入した選鉱場が建設された。

昭和に入ると銅鉱生産量がますます増大し、全国有数の銅山へと成長。太平洋戦争中には軍需省の要請により月に10万tの粗鉱が生産され、約4500名の従業員が働いていた。終戦直後は低迷したが、朝鮮特需とともに回復し、昭和30年代にかけて最盛期を迎えた。しかし昭和41（1966）年には製錬所が廃止され、翌々43（1968）年から操業規模も縮小した。以後は衰退の一途をたどり、銅価格の低迷と鉱石の枯渇により昭和53（1978）年に閉山した。

別子銅山

近代化産業遺産

四国山地の秘境に大迫力の遺構が眠る超巨大銅山跡

四国の山奥にあった国内第２位の超巨大銅山

山は日本列島の至るところにあり、国土の大半を占めている。古来、日本人は山から多くの恩恵を受けており、その1つが金、銀、銅などの鉱物資源だ。これらの資源を獲得するために多くの場所で鉱山が開発され、その従業員と家族が暮らす町も山中に作られた。中には標高が1000mを超える急峻な山岳地帯に鉱山集落が形成されたところもあった。

山の中に切り開かれた代表的な鉱山が、愛媛県新居浜市にある別子銅山だ。四国を横断する広大な山脈、四国山地のど真ん中に国内屈指の銅鉱床があり、これを開発するために険しい秘境の山奥に鉱山町が誕生した。現在は無人となり、遺構と化してしまったが、その独特の景観が東洋のマチュピチュと呼ばれるほど人気を集めている。

別子銅山はわが国を代表する超巨大な銅山で、日本三大銅山の1つに数えられ、足尾銅山に次ぐ全国第2位の産銅量を記

Data

【所在地】愛媛県新居浜市
【施設】マイントピア別子　0897-43-1801
【営業・見学】9時～17時（冬期休業期間あり）／入場料（個人）：大人1300円
【主な産出物】銅・硫化鉄
【操業・歴史】元禄4（1691）年～昭和48（1973）年

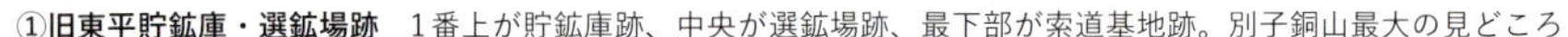

①旧東平貯鉱庫・選鉱場跡　1番上が貯鉱庫跡、中央が選鉱場跡、最下部が索道基地跡。別子銅山最大の見どころ

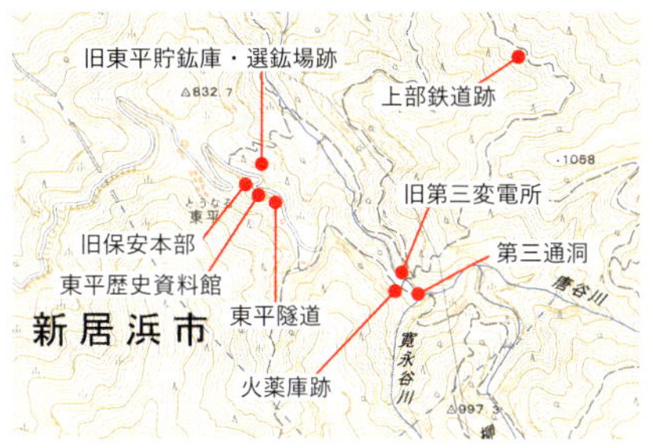

②**東平ゾーン見どころ分布図**（地理院地図（電子国土Web）を基に作成、2.5万分の1地形図「別子銅山」に対応）

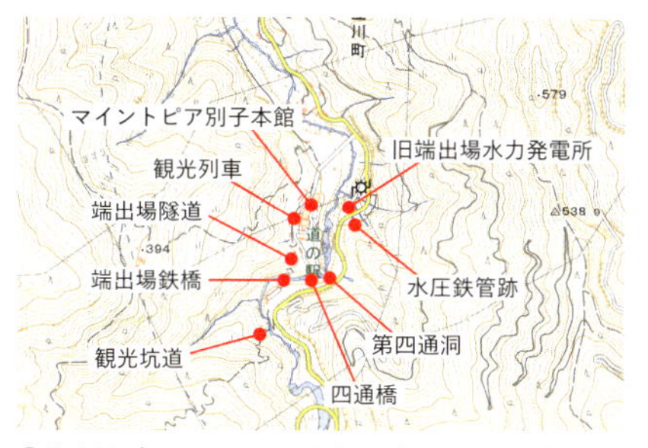

③**端出場ゾーン見どころ分布図**（地理院地図（電子国土Web）を基に作成、2.5万分の1地形図「別子銅山」に対応）

録した。また、住友グループの源流となった鉱山でもあり、江戸時代から長きにわたって日本経済の発展に貢献してきた。新居浜市は鉱山とともに発展した四国屈指の工業都市であり、現在も住友系の企業により市の経済が支えられている。

鉱山跡は市南部の山間部にあり、旧別子、東平（とうなる）、端出場（はでば）の3つのエリアに分かれている。このうち東平と端出場は、鉱山跡を利用したテーマパーク「マイントピア別子」が産業遺産観光の拠点となっていて、遺構をメインに鉄道、観光坑道、歴史のある建物などバランスよく見てまわることができる。四国山地の秘境に眠る、国内有数の銅山跡を楽しんでみよう。

東洋のマチュピチュと呼ばれる東平ゾーンの遺構

東平ゾーンは標高750mの高所にあり、旧別子ゾーンに次ぐ採鉱の中心地となった場所だ（②）。大正5（1916）年から昭和5（1930）年にかけて採鉱本部が置かれ、最盛期には5000人が暮らす立派な町であった。山道を抜けてここにたどり着くと巨大な石造りの遺構がこつ然と姿を現すため、東洋のマチュピチュとも呼ばれている。地区の中央には東平歴史資料館が整備され、当時を再現した模型や生活道具、写真などが展示されている。

最大の見どころは何といっても旧東平貯鉱庫・選鉱場跡（①）。石垣とレンガでひな壇状に築かれた広大な遺構で、繁栄した当時の面影を色濃く残す、別子銅山のシンボルだ。この施設では、第三通洞から運ばれてきた鉱石を貯蔵し、選別を行ったうえで索道に積み込む作業が行われた。右脇にはインクラインの跡があり、現在は階段として生まれ変わっている（④）。

④**インクラインの跡**　この坂道にはかつて生活用品や資材を運ぶためのケーブルカーが設置されていた

⑤旧第三変電所　明治42（1909）年に建てられた変電所

⑥マイントピア別子の本館　採鉱施設の跡に建てられた観光施設で、外観は旧端出場水力発電所をモデルにつくられた

東平にはほかにも当時の建物として旧第三変電所と旧保安本部（マイン工房）の2棟があり、おすすめは前者のほうだ（⑤）。赤レンガ造りの見事な遺構が立派な石垣の上に建てられている。外から眺めると、歴史が感じられるアーチ状の窓が残されている。

明治時代の貴重な水力発電所が残る端出場ゾーン

端出場ゾーンは東平の次に採鉱本部が置かれた場所で、昭和5（1930）年から閉山まで、最後の採鉱の中心地であった（③）。もともとは別子鉱山下部鉄道線の発着駅として発展した地区で、東平ゾーンよりも標高600mほど下にある。

現在はマイントピア別子の本館が営業しており、観光列車、観光坑道、砂金採り体験場、道の駅、温泉などが併設されている（⑥）。別子銅山を紹介するパネルや鉱石などの展示があり、施設内には貯鉱庫跡などの産業遺産や旧泉寿亭特別室棟のような文化財も保存されている。

このゾーンで目を引くのは、旧端出場水力発電所だ（⑦）。赤レンガでつくられた大型の西洋建築物で、明治時代の雰囲気を大いに味わえる。しかも鉱山付属の発電所の中では唯一、内部の見学ができる。建物の外には水圧鉄管跡の基礎も残る。

⑦旧端出場水力発電所　明治45（1912）年に完成し、当時国内最大級の3000kWの発電が行われ、銅山の近代化に大いに貢献した

⑧発電所の内部　手前にある機械がドイツ・シーメンス社製の第二水車発電機で、ほかの3つの装置は周波数変換機

⑨**上部鉄道跡**　写真ではわかりにくいが、中央上の石垣あたりに線路が横切っていた

⑩**下部鉄道跡**　石垣の法面の上が線路の跡で、右端にはトンネルが残る

発電所内部のタービン室には発電機、調速機、制御盤などの貴重な機械がそのままの状態で展示されている（⑧）。特にドイツ製の第二水車発電機は完成当初のもので、迫力ある姿を間近で眺めることができる。隣の高圧室は歴史を紹介するコーナーとなっており、当時の貴重な図面や書類などが保存されている。

別子鉱山鉄道を再現した観光列車

別子銅山で鉱石や物資の輸送に大活躍したのが、住友別子鉱山鉄道。新居浜港から端出場までを結んだ下部鉄道、そして角石原駅と石ケ山丈駅間をつないだ上部鉄道の2つの路線が存在した。明治26（1893）年に開業し、下部鉄道は閉山後の昭和52（1977）年まで長きにわたって続いたが、上部鉄道はわずか18年で廃線となった。

2つの路線跡は今も現地に残されている。上部鉄道の跡は東平ゾーンの向かいの中腹にあり、駐車場脇の広場から見渡せる（⑨）。下部鉄道のほうは山根から端出場に至る県道の対岸にあり、トンネルや石垣でできた法面を眺められる（⑩）。また、一部は自転車歩行者専用道路として整備されており、実際に歩くこともできる。

目玉となるのは別子鉱山鉄道を再現した観光列車で、マイントピア別子の本館から観光坑道の入口近くまでを行き来している。この路線は長さが約400ｍあり、端出場駅と火薬庫を結んだ下部鉄道の支線跡を利用したものだ。途中にある、明治時代に建設されたトンネルと鉄橋が今も使われており、乗車しながら貴重な産業遺産を味わうことができる（⑪）。

⑪**端出場鉄橋と隧道**　明治26（1893）年に完成したもので、鉄橋はドイツ製のピントラス橋

⑫観光列車　先頭の蒸気機関車と客車4両、最後尾の電気機関車の6両編成

⑬別子銅山記念館の屋外展示場　手前の黒い蒸気機関車が別子1号、奥の赤い電気機関車がED104

機関車は電気駆動式で、実際に走っていた車両がモチーフとなっている（⑫）。蒸気機関車は別子1号蒸気機関車を縮小復元したもので、電気機関車も同じくED104をモデルにしてつくられた。この2つは別子銅山記念館の屋外に保存されている（⑬）。

客車の中には、坑内で活躍したカゴ車と人車も復元されている。特にカゴ車は「かご電車」と呼ばれ、第三通洞を通って東平地区へ行く交通機関として一般客に利用されていた。一般的な客車と比べて小さく、当時の狭い車内を体験することができる（⑭）。

坑道内で活躍したさまざまな機械と車両

地下の坑道では、鉱石の採掘から輸送に至るまでさまざまな機械と車両が使用された。これらは端出場ゾーンや東平ゾーン、筏津（いかだづ）坑などに分かれて、数多く展示されている。

最も豊富に展示されているのが端出場ゾーンで、観光列車の終着駅を中心にジャンボ式さく岩機やスラッシャー等の機械、蓄電池機関車、人車、鉱車、坑木台車などの車両が飾られている（⑮）。さらに、目ぼしいものとして実物のカゴ車や三角鉱車がある（⑯）。本鉱山で製

⑭人車とカゴ車を復元した客車　左が坑内作業員移動用の人車で、右が一般客を乗せたカゴ車

⑮端出場ゾーンにおける車両と機械の展示　坑内で活躍した車両と機械が横一列に展示されている

⑯**三角鉱車**　三角形の形をした細長いトロッコで、人の手で傾転させて鉱石を降ろした

⑰**東平隧道**　明治36(1903)年に完成したトンネルで、内部に車両と機械が合わせて10台展示されている

造されためずらしいタイプのトロッコで、別子銅山限定の貴重なものだ。また、本館の入口近くにもローダーなどが並べられている。

東平ゾーンでは小マンプと呼ばれる東平隧道が展示場となっている（⑰）。蓄電池機関車やカゴ車、スラッシャーなど、ほかの場所と共通する展示が多いが、電源台車やギブルと呼ばれるバケットなど、端出場にはないものもある。このほか、筏津坑には坑内用の巡回自転車と巻揚機のギアー、別子銅山記念館には6tトロリー電車と大型四角鉱車が保存されている。

火薬庫を改造した観光坑道

観光坑道は旧火薬庫を拡張して造られ、長さは約333mある（⑱）。本物の坑道ではなく、実は地下の火薬庫を改造したものだ。内部は江戸ゾーン、近代ゾーン、体験ゾーンの3つに分かれて、展示や体験を楽しむことができる。

江戸ゾーンは江戸時代の作業を紹介するコーナーで、坑口へ入坑する場面や手掘りで掘る様子などが等身大の人形などで再現されている（⑲）。さらに、坑内の排水や坑外の風呂場、砕女小屋、製錬所などを復元した小型の模型も飾られて

⑱**観光坑道入口**　第四通洞をイメージしたレンガづくりの入口になっている

⑲**手掘り採掘の再現**　槌と鑿の手作業で鉱石を掘る様子が再現されている

⑳第三通洞　明治35（1902）年に完成し、旧別子地区の東延斜坑からの輸送路として利用された。反対側の日浦通洞まで貫通している

いる。

近代の採鉱に関する展示は近代ゾーンにあり、当時の作業風景が巨大なジオラマと映像で再現されている。ジオラマは鉱山全体を1周するようにつくられており、作業員や索道など一部が動く仕掛けもある。

体験ゾーンは子ども向けの遊戯施設になっていて、さく岩機の振動や30kgの荷を持ち運ぶ仲持（粗銅や日用品などの運搬作業に従事した人々）など、当時の作業を体験できる。地下の坑道を模した迷路もあり、内部には他鉱山で産出した鉱石や道具などが飾られている。

鉱石採掘の主役となった坑道

別子銅山の坑道は銅山越を中心にアリの巣のように張りめぐらされ、総延長は700kmに達した。採掘範囲は標高約1300ｍの露頭から海面下1000mにおよび、日本で最も深くまで掘られている。現在は一部を除き、ほぼすべての坑道が非公開になっている。

運搬の主役として活躍した坑道が、第三通洞と第四通洞だ。第三通洞は明治後半から大正初期にかけて主力坑道として使用され、東平ゾーンに入口が保存され

㉑第四通洞　大正4（1915）年に大立坑まで貫通し、閉山するまで坑内運搬の大動脈として活躍した

ている（⑳）。第四通洞は端出場ゾーンから開さくされ、第三通洞の次に主力となった坑道だ。赤レンガづくりの立派な入口を鉄橋（四通橋）とセットで味わうことができる（㉑）。

別子銅山で唯一見学できる坑道が筏津坑（㉒）。わずか20mほどしか入れないが、足元にはトロッコ線路がそのまま残る。終点付近まで行くと、むき出しになった岩盤を眺めることができる。

㉒**筏津坑**　筏津鉱床を開発した坑道で、別子銅山では最後まで採鉱が行われた

鉱床・鉱物　黄銅鉱と黄鉄鉱を主体とする層状の塊状硫化物鉱床

別子銅山周辺の地質は三波川帯に属する変成岩（苦鉄質片岩、泥質片岩、珪質片岩、変斑れい岩、角閃岩、蛇紋岩）から構成されている。いずれも中生代白亜紀の時代に変成作用を受けた岩石だ。鉱床は銅と硫化鉄を主体とする層状の塊状硫化物鉱床で、珪質片岩および苦鉄質片岩中に調和的に挟まれる。

別子本山、筏津、余慶および積善の4つの鉱床からなる。中でも別子本山鉱床は最大規模を誇り、最も多くの量の鉱石が掘り出された。鉱石は硫化鉱物の緻密な集合体からなる塊状鉱と苦鉄質片岩中に硫化鉱物が縞状ないし鉱染状に含まれる縞状鉱に分かれる。

鉱石鉱物は黄鉄鉱、黄銅鉱を主体とし、斑銅鉱、閃亜鉛鉱、磁鉄鉱などがともなわれる。鉱床下部では熱変成作用を受けており、磁硫鉄鉱、ペントランド鉱、輝コバルト鉱、錫石、黄錫鉱、フランケ鉱などが産出した。また塊状鉱床を横切る鉱脈がしばしば発達し、安四面銅鉱、閃亜鉛鉱、方鉛鉱などが晶出した。

歴　史　一貫した住友の経営により約280年にわたって繁栄

別子銅山は江戸時代中頃の元禄3（1690）年に発見され、翌元禄4（1691）年から住友家による採掘が始まった。開山から数年で急速に発展していき、元禄11（1698）年には明治以前で最高の産銅量を記録した。しかし1700年代に入ると出水などにより生産性が低下し、幕末にかけて横ばい状態が続いた。

明治時代を迎えると当時の支配人、広瀬宰平がフランス人技師を招聘して別子銅山の近代化を推し進めた。さく岩機やダイナマイト、洋式製錬などの最新技術の導入により、生産量が飛躍的に向上。わずか十数年で日本を代表する近代的な鉱山となり、明治38（1905）年には四阪島製錬所が操業を開始した。

大正時代から昭和初期にかけて最盛期を迎え、昭和3（1928）年には産銅量が過去最高を記録した。しかしその後は減少に転じ、終戦後間もない頃には大いに低迷していた。戦後の復興とともに急速に回復し、昭和30年代には盛んに操業が行われた。しかし採鉱が地下深部に移行するにつれて作業環境が悪化したため、昭和48（1973）年に閉山した。

2

廃墟・遺構

鉱山にはさまざまな付属施設が建てられていた。閉山後は老朽化して廃墟となってしまったところも多いが、圧巻のスケールを味わえる鉱山遺構として注目を浴びている。この章では、そうした廃墟が見どころとなる4か所の鉱山跡を取り上げる。選鉱場跡や製錬所跡などの巨大な遺構が周囲の自然と一体化した様子を存分に楽しもう。

釜石鉱山（かまいし）

近代化産業遺産

三陸ジオパーク

山中に巨大な廃墟がそびえ立つ日本最大の鉄鉱山

岩手県の山中にあった国内最大の鉄鉱床

岩手県沿岸部にある釜石市は「鉄のまち」として知られており、古くから鉄産業が大いに栄えてきたところだ。鉄鉱石の採掘から製鉄に至るまでの一貫した工程により鉄が生み出され、幕末から平成の初め頃まで約130年間にわたって続いた。有名な八幡製鉄所よりも古い、近代製鉄発祥の地である。

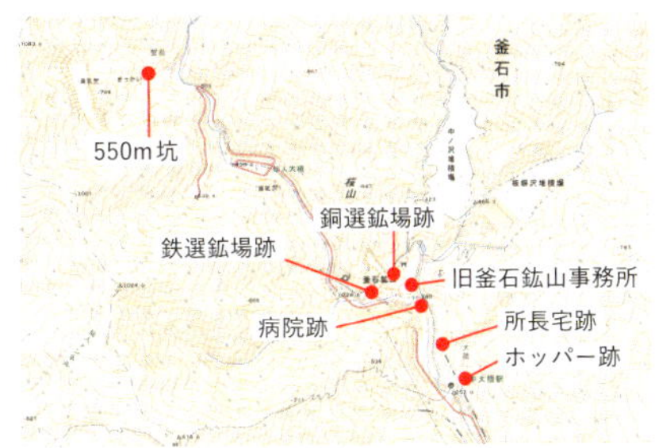

①見どころ分布図（地理院地図（電子国土Web）を基に作成、2.5万分の1地形図「陸中大橋」に対応）

Data

【所在地】岩手県釜石市
【施設】釜石鉱山展示室Teson　0193-55-5521
【営業・見学】屋外遺構は無料で見学可／坑道は釜石市主催のイベント時のみ見学可／「旧釜石鉱山事務所」9時30分～16時30分（毎週火・水曜日定休・冬季休館12月9日～3月31日）／入場料（個人）：大人300円
【主な産出物】鉄・銅
【操業・歴史】江戸末期～平成5（1993）年

釜石市が鉄の町として発展していった大きな要因は、日本最大の鉄鉱床、釜石

②鉄選鉱場の跡　磁力選鉱法により鉄鉱石の選別作業が行われた建物跡。国道283号から眺められる巨大な遺構は、本鉱山の最大の見どころ

③銅選鉱場の跡　浮遊選鉱法により銅鉱石の選別作業が行われた建物跡で、旧釜石鉱山事務所の脇にそびえ立つ。手前には巨大なシックナー跡もある

鉱山の存在だ。釜石市のはずれ、カッパの伝説で有名な遠野市との境界付近の山中に、莫大な量の鉄鉱石を埋蔵していた。

閉山にともない多くの鉱山施設は解体されたが、選鉱場の跡をはじめ、旧釜石鉱山事務所、社宅跡、ホッパー跡など数多くの遺構が残されている（①）。また、旧釜石鉱山事務所は国登録有形文化財となっており、釜石鉱山展示室として運営され、展示資料が充実している。坑道は普段は非公開だが、釜石市が主催するイベントの時のみ見学が可能だ。

これらの鉱山跡は平成の時代に産業遺産としての価値が認められ、今は観光に活用されている。一押しの見学スポットは、2つある巨大な選鉱場跡の廃墟だ。坑道と展示室も見どころがたっぷりなので、ぜひ見学をおすすめしたい。

圧巻の巨大な選鉱場跡を中心とした廃墟群

釜石鉱山の中心部である大橋地区には、鉱山事務所、選鉱場、病院、社宅など数多くの建物が密集した、立派な鉱山街が形成されていた。

この地区でひときわ目立つ遺構が、最大の見どころでもある、コンクリートで築かれた鉄選鉱場（②）と銅選鉱場の跡（③）。この2つの巨大廃墟が立ち並ぶ光景は圧巻で、廃墟好きにはたまらない場所だ。近くの350m坑から運び出された鉱石が鉄と銅に分けられ、この施設で1日最大8000tもの鉱石の選別作業が行われていた。

旧釜石鉱山事務所南側の広場には、坑道内で使用されたローダー、トロリー電車、バッテリー電車といった鉄道車両が展示されており、特に昭和戦前に導入された米国製ローダーはここでしか見られない貴重なものだ（④）。広場の周辺にも、旧機械工場などの建物がいくつか残っている。

④米国製ローダー　昭和4（1929）年に釜石鉱山に導入された、現存する日本最古のローダー

⑤鉱山町跡　段々状に区画された石垣の上にかつて建物が立っていた

広場からJR釜石線の陸中大橋駅のほうに向かって行くと、途中から道路の両側に石垣や平地が広がっている。この一帯が鉱山町の跡で、社宅をはじめ、病院、所長宅、購買会などが立ち並んでいた場所。建物のほとんどが解体されてしまったが、石垣などの痕跡がしっかり残る（⑤）。

鉱山町の跡を過ぎると大橋集落に入り、中心部にある駅の正面にはコンクリートの骨組みからなるホッパーの廃墟が現れる（⑥）。この設備により鉄鉱石が貨車に積み込まれ、八幡製鉄所などへ輸送された。

⑥ホッパー跡 精鉱を貨車に積み込むための機械設備

ゴルフカートで入る、日本一長い見学可能な坑道

釜石鉱山の数ある坑道の中で、唯一見学できる場所が550m坑だ。大橋地区から標高が250mも高い山間部、ミネラルウォーター「仙人秘水」の製造工場の敷地内にある（⑦）。この坑道は昭和5（1930）年に掘られ、坑内作業員の出入り口として利用されていた。平成の終わり頃まではトロッコに乗って見学できたが、今は自動運転のゴルフカートに置き換わっている（⑧）。このカートで入れる長さは、国内最長の約3kmにもおよぶ。

⑦550m坑口 ここから自動運転のゴルフカートに乗って坑道内部に入る。中は気温が10度前後に保たれている

⑧坑道見学用のゴルフカート　釜石鉱山は坑道内部をゴルフカートで見学できる日本で唯一の場所。速度は時速10km以下

⑨磁鉄鉱と柘榴石　坑道の壁面に黒色の磁鉄鉱と褐色の柘榴石が露出。磁鉄鉱の部分には磁石が付けられている

坑道内の見学地点は、仙人秘水の源泉、鉄鉱石の採掘跡、地下水力発電所の貯水池、グラニットホールの4か所。奥のほうから見学して入口に戻るコースが設定されている。

仙人秘水の源泉は最も奥にあり、カートで坑口から約20分かかる。花崗閃緑岩の岩盤から地下水が湧き出ており、この水を利用してミネラルウォーターがつくられている。このすぐ隣には、平成21(2009)年まで使われていた昔の製造工場跡が残る。この地点には赤褐色の柘榴石の脈があり、灰色の花崗閃緑岩を無数の柘榴石が横切る光景はここでしか見られない。

鉄鉱石の採掘跡はコースのおおよそ中間地点にあり、カートを降りて坑道を50mほど徒歩で見学できる。昭和54(1979)年3月まで採掘に使われた坑道で、今も磁鉄鉱と柘榴石が露出する掘り残した部分が見られる(⑨)。ここは鉄鉱床を観察できる貴重な場所で、この近くには発破直前の切羽(きりは)(坑道の掘削面)の様子も再現されている。この坑道では、スクープトラムという軌道式ではない重機で鉱石の運搬が行われていた(⑩)。この採掘跡の一番奥には深さ約250mの立坑があり、石を投げると10秒ほどたった後に着水する音が鳴り響き、かなり深いことが耳で実感できる。

⑩スクープトラム　鉱石の運搬に使用されたタイヤ式のローダー。非常にめずらしい重機で、展示されているのは釜石鉱山のみ

⑪地下水力発電所の貯水池　高さ180m、幅40m、奥行き70mもある巨大な鉄鉱石の採掘跡に地下水が貯水されている

⑫旧釜石鉱山事務所　昭和26（1951）年に竣工し、平成19（2007）年まで釜石鉱山の事務所として使用された。平成21（2009）年から一般公開されている

⑬旧釜石鉱山事務所1階　1階部分には昭和30年代の事務所が再現され、手回し計算機などのレトロな備品類が展示されている

空洞状に掘り抜かれた鉄鉱石の採掘跡を利用した、地下水力発電所の貯水池もあり（⑪）、中をのぞくとその巨大さに圧倒される。底が青く透き通っているため、まるで美しい地底湖のようだ。

入口に最も近い場所にあるのが「グラニットホール」。元は坑内事務所だった場所を拡張してつくられた、音響実験施設だ。小さい町の公民館のホールほどの大きな空洞で、声を出すと面白いほど反射して響く。

魅力ある鉱物がきらめく 釜石鉱山展示室Teson

銅選鉱場の跡の脇にたたずむ2階建ての白い建物が、旧釜石鉱山事務所だ（⑫）。昭和の雰囲気が残る貴重な遺産で、釜石鉱山展示室Tesonとして公開されている。中に入ると1階には鉱山事務所として使われていた当時の様子が見事に再現されており、昭和の時代にタイムスリップした気分が味わえる（⑬）。

2階は「鉱山（やま）の学校」「鉱物室」「鉱山（やま）の展示室」などの展示室に分かれており、鉱石、昔の写真、歴史資料、さく岩機などの採掘道具、分析機器、電話機、絵画など多岐にわたる資料が展示されている。また、釜石鉱山付属の小学校の教室や付属病院の診察室などもリアルに再現されている。

⑭旧釜石鉱山事務所2階の鉱物室　釜石鉱山産出の岩石、鉱物が数多く展示されている

⑮磁鉄鉱　鉄の酸化物からなる真っ黒い塊の鉱物で、強い磁性を示す。鉄の原料として採掘された

ここでおすすめしたいのは鉱物室だ（⑭）。磁鉄鉱、黄銅鉱、磁硫鉄鉱、キューバ、孔雀石などの鉱石鉱物に加え、柘榴石、緑簾石、灰鉄輝石、方解石、電気石などのスカルン鉱物も含めてさまざまな種類が展示されている。しかも見栄えの良い、特大サイズのものが多い。

釜石鉱山の主力鉱石である磁鉄鉱は展示数が最も多く（⑮）、中には餅鉄（べいてつ）と呼ばれる餅のような丸っこい形をしたものや、8面体の美しい結晶集合体も見られる。磁鉄鉱に実際に磁石をくっつけて遊ぶ体験も可能だ。

最もレアな鉱物は、釜石鉱山で発見された日本の新鉱物「釜石石（せき）」（⑯）。黄緑色のベスブ石の中に肉眼ではわからない微細なサイズの鉱物として含まれる。ほかの博物館ではほとんど見られない貴重標本だ。

⑯釜石石　釜石鉱山から世界で初めて発見された新鉱物。カルシウムとアルミニウムの含水珪酸塩鉱物

鉱床・鉱物　巨大なスカルン型の鉄鉱床

釜石鉱山付近には古生代石炭紀～ペルム紀の石灰岩や泥岩からなる地層が分布し、白亜紀の時代に花崗岩が貫入している。石灰岩が貫入にともなう交代作用を受けて形成されたスカルン型鉱床だ。磁鉄鉱と黄銅鉱が主な鉱石鉱物で、灰鉄柘榴石や緑簾石、方解石などのスカルン鉱物を多量に含む。

鉱床の規模は鉄に関しては国内最大で、銅においても国内有数であり、これまでに約6000万tの莫大な量の鉱石が生み出された。山全体が巨大なアリの巣のように掘り尽くされており、坑道の総延長はなんと1000kmにも達する。

歴　史　民間の活躍により国内最大の鉄山へと成長

本鉱山は江戸時代の中頃に発見され、幕末の安政4（1857）年に国内で初めて洋式高炉からの製鉄に成功した。明治維新後、官営による本格的な開発が行われ、明治13（1880）年には官営釜石製鉄所の操業が始まり、鉱山と製鉄所間の鉄鉱石輸送用に日本で3番目の鉄道となる釜石鉄道が開業した。しかし製鉄所の操業がわずか数年で失敗したため、民間人の田中長兵衛に払い下げられた。田中氏により製鉄所経営が成功し、さらに鉄鉱石の採掘方法にも近代的な技術が導入されて生産量が次第に増加していった。

昭和に入り日鉄鉱業の経営に移ると、生産は急激に増大し、国内最大の鉄鉱山へと成長していった。昭和30～40年代にかけては毎年100万tを超える、とてつもない量の鉱石が生産され、堂々たる日本一の生産量を記録していた。しかし、貿易自由化や円高の影響により昭和50年代から徐々に衰退に向かった。平成元（1989）年には釜石製鉄所の高炉が休止となり、ついに平成5（1993）年に鉄鉱石の採掘が終了した。

現在は日鉄鉱業の子会社、釜石鉱山により、坑道内から染み出る地下水を利用したミネラルウォーター「仙人秘水」の製造と地下水力発電事業が行われている。

持倉鉱山（もちくら）

推薦産業遺産（産業遺産学会）

山奥に眠る古代遺跡のような「廃墟マニアの聖地」

Data

【所在地】新潟県東蒲原郡阿賀町
【施設】持倉鉱山遺構を護る会事務局　070-8987-3747（担当：堀口）
【営業・見学】無料
【主な産出物】銅・亜鉛
【操業・歴史】享保年間（1716～1736年）～昭和32（1957）年

魅力的な廃墟が残る、阿賀町を代表する銅山跡

阿賀町は新潟県東部、福島県との県境にあり、山に囲まれた自然あふれる地域。町内の山々には金、銀、銅、亜鉛、鉄などの鉱物資源が豊富にあり、かつては50か所を超える鉱山が存在した。中でも持倉、草倉、三川の3鉱山が町を代表する鉱山で、大々的な操業が行われ、明治から昭和にかけて大いに繁栄していた。

3つの主要鉱山の中で、魅力的な廃墟が残っているのが持倉鉱山だ。廃墟マニ

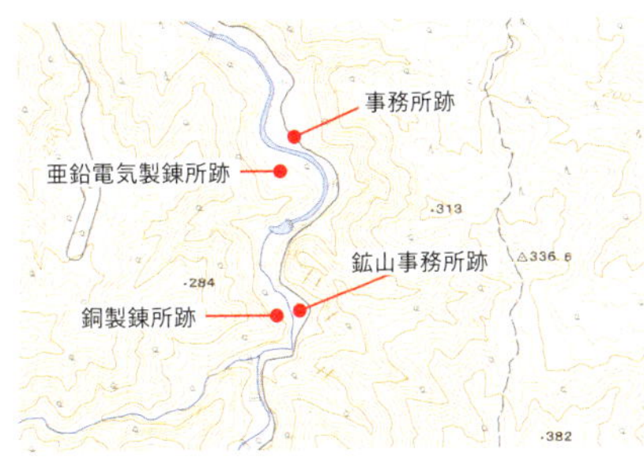

①見どころ分布図（地理院地図（電子国土Web）を基に作成、2.5万分の1地形図「馬下」に対応）

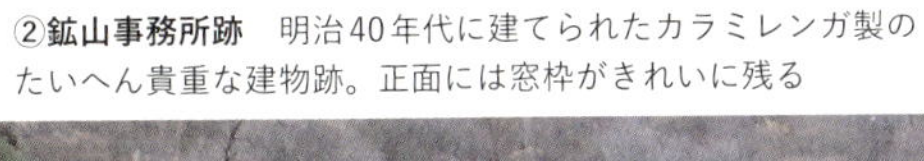

②鉱山事務所跡　明治40年代に建てられたカラミレンガ製のたいへん貴重な建物跡。正面には窓枠がきれいに残る

③通洞坑　五十母川の上流に開さくされた坑道で、大きな口が開いている

アの世界では「東の持倉、西の軍艦島」ともいわれるほど超有名な鉱山跡として知られている。カラミレンガで造られた大きな建物跡の廃墟は、廃墟好きに限らず多くの人々を惹きつけている。

持倉鉱山跡は町の西部、五十母(いそも)川中流の山間部にある。手前の一本杉地区には鉱山事務所跡、銅製錬所跡などの遺構が残されている（①）。このあたりは道路が整備されていて、容易に見学することが可能だ。採掘現場の本山地区はこれより2km先の上流にあり、通洞坑が残る（③）。しかし山道が荒廃しているため、登山経験者でないと到達困難になっている。無理せず、廃墟めぐりのみを目的に持倉鉱山跡を訪れるのがおすすめだ。

カラミレンガでできた鉱山事務所と銅製錬所

一本杉地区は銅製錬の中心地として栄え、鉱山事務所、銅製錬所、小学校に加えて15棟ほどの社宅が立ち並んでいた。かつては鉱山町が存在していたが、今はカラミレンガでつくられた鉱山事務所跡と銅製錬所跡の2つの遺構が残るのみとなっている（②）。

鉱山事務所跡は本鉱山を象徴する廃墟で、持倉鉱山といえばこの建物を連想する人が多いだろう。内部にはアーチ状にきれいに組まれた部分が残り、古代ローマの遺跡だと思い込んでしまいそうな雰囲気だ（④）。カラミレンガ製の鉱山事務所自体が非常にめずらしく、見学できる鉱山跡は持倉鉱山のみである。

事務所の対岸には銅製錬所跡があり、こちらも古代遺跡を彷彿させる廃墟が山際にたたずんでいる（⑤）。五十母川上

④鉱山事務所跡の内部　内壁もカラミレンガでつくられており、アーチ状に組まれているのが特徴

⑤銅製錬跡　明治41（1908）年から操業を開始した製錬所の跡で、カラミレンガでつくられた持倉鉱山最大の建築物

流の銅鉱床で採掘された鉱石から銅を製錬した施設の跡で、ひな壇状に築かれた煙道、アーチ状の構造物、階段などが見られる。廃墟としてのスケールが大きく、植生とうまく絡みあった姿が魅力的で、廃墟好きにはたまらない場所だ。

⑥焙焼炉の跡　亜鉛鉱石を融解しない程度の温度で焼いた炉の跡で、アーチ状の小さな入口が残る

杉林に包まれた亜鉛電気製錬所跡

亜鉛電気製錬所跡は鉱山事務所より600m下流の対岸にあり、水量の多い五十母川を渡る必要がある。五十母川支流の亜鉛鉱床で採掘された鉱石から亜鉛を製錬するために建てられた工場跡で、電気分解による湿式製錬法が採用されていた。大正時代の初期に操業されていたが、銅製錬所と比べると小規模であった。

ここは杉林になり、植物が繁茂して見学しづらいが、石垣やカラミレンガでつくられた基礎の跡がところどころに残されている。目立つのは焙焼炉の跡で(⑥)、かつてここで行われた作業の様子を伝えている。

鉱床・鉱物　スカルン型の銅・亜鉛鉱床

持倉鉱山周辺の地質は中生代ジュラ紀の堆積岩（石灰岩、粘板岩、砂岩）と、これを貫く白亜紀の花崗岩から構成されている。石灰岩が花崗岩の貫入にともなう交代作用を受けて形成されたスカルン型鉱床だ。銅鉱床（本坑、山神坑、水上坑、掛居坑）と亜鉛鉱床（葎沢坑、古久蔵坑）の2タイプがあり、主として前者が採掘された。

鉱石鉱物は銅鉱床では黄銅鉱と磁硫鉄鉱、亜鉛鉱床では閃亜鉛鉱を主体としており、このほか方鉛鉱、硫砒鉄鉱、白鉄鉱などがともなわれる。脈石鉱物は灰鉄柘榴石、灰鉄輝石、方解石などのスカルン鉱物だ。

歴　史　明治末期から大正時代にかけて繁栄した

持倉鉱山は江戸時代中期の享保年間（1716～1736年）に発見され、会津藩により100年ほど採掘されたといわれている。明治35（1902）年、蛍石の採掘中に銅鉱床が発見され、同39（1906）年に五泉の小出淳太が権利を買収した。

小出氏は本格的な採鉱に乗り出し、明治41（1908）年に銅の製錬所を建設するなど事業を拡大していった。明治末期にかけて大がかりな鉱山へと発展し、大正2（1913）年から大正7（1918）年にかけて最盛期を迎えた。産銅量は大正6（1917）年にピークに達し、この当時は約700人の従業員が働いていた。

大正8（1919）年、三井鉱山が買収したが、良質な鉱床にあたらず翌9（1920）年に休山した。昭和14（1939）年から探鉱を目的に再開されたものの、昭和17（1942）年に休止となった。戦後、昭和32（1957）年に再び探鉱が行われたが、不成功に終わり完全に閉山となった。

鉱山跡の二大廃墟—選鉱場と製錬所

Column

大鉱山には付属の選鉱場（選鉱所）と製錬所（製錬場）があり、この2つは鉱山施設を代表する大規模な建物であった。閉山後、その大部分が解体されてしまい、コンクリートの基礎からなる遺構が残されていることが多い。巨大なスケールを味わえる廃墟として人気を集め、観光名所としてよみがえっている鉱山跡もある。

①浮遊選鉱場跡　斜面にひな壇状に築かれていた佐渡金山の北沢浮遊選鉱場跡

選鉱場は名前の通り、鉱石の選別を行う施設で、山の斜面を利用してひな壇状に建築された。このような形状の遺構があれば選鉱場の跡であることがわかる(①)。「粗鉱」と呼ばれる掘り出された鉱石から、資源となる鉱物と不要な岩石や脈石鉱物を分離する作業がここで行われた。落差を利用して上から順に選別され、最終的には目的とする鉱物の濃度を高めた「精鉱」として仕上げられた。

手選鉱、比重選鉱、磁力選鉱などいくつかの選別方法があるが、最も多くの鉱山で利用されたのが「浮遊選鉱」だ。これは細かく砕いた鉱石を薬品と一緒に混ぜて撹拌し、泡を発生させ対象とする鉱物を回収する方法。泥状になった鉱物を液体から分離する装置が「シックナー」で、円形の巨大な遺構として選鉱場と一緒に残されているものが多い（②)。

製錬所は、選鉱場で得られた精鉱から金属を取り出すための工場だ。溶鉱炉で鉱石を溶かす際にガスが発生するため、煙突が建てられた。鉱山跡に煙突とセットになった廃墟があったら、それは製錬所の跡だ（③)。小坂鉱山や細倉鉱山など一部の製錬所は閉山後も操業を続けており、リサイクルで得られたものを原料に製錬が続けられている。

②シックナー　明延鉱山の神子畑選鉱場に設置されていたもの

③製錬所跡と煙突　尾去沢鉱山の製錬所跡は煙突とセットで残されている

大谷(おおや)鉱山

日本遺産

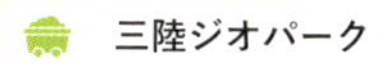
三陸ジオパーク

巨大な製錬所の廃墟が残る、奥州藤原氏の栄華を支えた金山跡

Data

【所在地】宮城県気仙沼市
【施設】大谷鉱山歴史資料館　0226-44-2816
【営業・見学】10時～16時（水曜定休日）／無料
【主な産出物】金・銀
【操業・歴史】明治38（1905）年～昭和41（1966）年

北上山地の海沿いにある アクセスしやすい金鉱山

宮城県から岩手県にかけての太平洋側に続く北上山地は巨大な山塊であり、長さは南北に260kmに達する。この広大な山地には膨大な数の金鉱床が存在し、かつて300か所以上もの金鉱山があった。古くから著名な産金地帯で、平安時代にこの地を支配した奥州藤原氏は、豊富にある金を財源とした。当時は日本一の産金量を誇り、中尊寺金色堂をはじめとする豪華絢爛な黄金文化を平泉の地に築くことができた。令和元（2019）年に日本遺産「みちのくGOLD浪漫」に認定されている。

しかし、北上山地における金鉱山は数は非常に多いものの鉱床が小さく、大規模な鉱床がほとんどない。例外的に、国内屈指の巨大な金鉱床が存在したのが気仙沼市南部の本吉地域にあった大谷鉱山だ。この山地で最大の大きさを誇り、金の累計産出量は約18.9 tで国内金山の産出量ランキングにおいて10位台に入る。

鉱山跡は、夏に海水浴客でにぎわう大

①青化製錬所跡　最大の見どころとなる製錬工場の廃墟。操業当時は不夜城のごとく24時間体制で稼働していた

②見どころ分布図（地理院地図（電子国土Web）を基に作成、2.5万分の1地形図「津谷」に対応）

谷海岸近くの山中にあり、海岸沿いを走る国道45号からのアクセスが非常に良い。鉱山エリアの中心部にある大谷鉱山歴史資料館の周辺には、青化製錬所跡、坑口跡などの遺構が残されている（②）。最大の見どころである青化製錬所跡の巨大な廃墟は圧巻。資料館にも、金鉱石をはじめ貴重な資料が展示されている。

巨大な廃墟として残る青化製錬所跡

大谷鉱山歴史資料館が建つ広場はかつての鉱山の中心地で、鉱山事務所、青化製錬所、浮遊選鉱場、工作場など多くの施設が密集していた。資料館の横に立つ看板には当時の写真が掲載されている（③）。これらの建物のほとんどが閉山後に解体されてしまい、青化製錬所跡と零米坑（ゼロメートル）が残るのみ。敷地内は立ち入り禁止になっているが、大谷鉱山歴史資料館の駐車場または公道から眺めることができる。

青化製錬所跡は広場の正面にそびえる巨大な廃墟で、ひときわ目立つシンボル的な存在だ（①）。ひな壇状に築かれたコンクリートの基礎が見事に残り、廃墟好きなら興奮を味わえる場所だろう。ここは、上（かみ）45m坑から運び出された鉱石を処理して金を精製する工場であった。昭和40年代には1か月で5000tの金鉱石を処理する能力を有し、金を抽出する際には青酸化合物が使われていた。

零米坑は大谷鉱山の主要な坑道の1つで、広場の片隅にひっそりと残っている（④）。かつてはレールが敷かれて、坑内作業員や資材の出入り口に利用されていた。

金鉱石や写真が見どころとなる展示物

広場の端にある大谷鉱山歴史資料館

③沿革を紹介する案内板　写真の中の手前にある細長い平屋が鉱山事務所。奥のひな壇状の建物が青化製錬所

④零米坑　入口は立派なコンクリート製だが、石が積まれてふさがれている

⑤**大谷鉱山歴史資料館**　平成17（2005）年に開館。玄関が坑口を再現したつくりになっているのが特徴

⑥**金鉱石**　元は会社から役場に寄贈されたものであり、左側の白い石英脈のところに肉眼でも見えるサイズの自然金が含まれる

は、鉱山事務所があった場所に建てられている（⑤）。館内にはハンマーやさく岩機などの採鉱道具、蓄電池機関車やトロッコといった車両、友子取立面状（友子の契りを交わす取立式の後に親分子分の関係を示した証明書）や資格証明書などの貴重資料、当時の写真や金鉱石など計450点の収蔵品が展示されている（⑧）。閉山後に元従業員の有志が中心となって収集されたものだ。

　目玉となる展示物は、立派な台座に飾

⑦**自然金の産状**　金色に輝く自然金が石英中に産出し、銀白色のテルル蒼鉛鉱と共生している

⑧**資料館の内部**　複数のトロッコやタイヤ式ローダー、写真などが展示されている

られた金鉱石だ（⑥）。通常の金鉱石に含まれる金の量は1t当たり約5gだが、この鉱石はなんと10kgと桁違いの量の金が含まれている。近づくと肉眼でも見える大きさの自然金が観察できる（⑦）。

館内には昔の写真も多く飾られており、採掘現場の様子や従業員の生活を詳しく知ることができる。巨大な青化製錬所の雄姿や、ヤマを挙げての運動会などが写っていて、大いに繁栄していた頃を記録している（⑨）。

⑨操業当時の写真の展示　左の写真は鉱石の搬入、右の写真は砕石の積み出し風景

鉱床・鉱物　肉眼でも見える自然金を多く産出

大谷鉱山周辺には中生代三畳紀の堆積岩（礫岩、泥岩、砂岩）が分布しており、この一部が白亜紀の花崗閃緑岩に貫かれている。金鉱床は主として泥岩の割れ目を埋めて生成した鉱脈型鉱床だ。おおよそ1億年前の白亜紀の花崗閃緑岩の貫入にともなって発生した中～高温の熱水により形成されたと考えられる。

鉱脈は石英を主体としており、硫砒鉄鉱、磁硫鉄鉱、自然金、テルル蒼鉛鉱、方解石などの鉱物がともなわれる。特に肉眼的な大きさの自然金が多く産出し、さらにテルル蒼鉛鉱と共生しているのが特色だ。また、金に対して銀の含有量が低い特徴を示し、佐渡や鯛生など国内の多くの浅熱水性金鉱床とはタイプが異なっている。

歴　史　昭和の戦前と戦後、２度にわたって大繁栄

大谷鉱山は平安時代に安倍氏や奥州藤原氏により金の採掘が行われ、平泉の黄金文化を支えたと伝えられている。明治38（1905）年に初めて試掘鉱区が設定され、数人の手により探鉱が行われた。大正元（1912）年に三原経国が鉱業権を譲り受け、同4（1915）年から採鉱を開始した。

大正11（1922）年、久原鉱業（日本鉱業の前身、現在のJX金属）が経営に加わり、同14（1925）年から本格的な開発が始まった。昭和4（1929）年からは日本鉱業の単独経営となり、周辺鉱区を買収して次第に国内有数の金山へと成長していった。昭和16（1941）年前後に最盛期を迎え、金の生産量がピークに達して全国7位に輝いた。また、従業員数も最大となり約1300人が働いていた。しかし太平洋戦争開戦後の昭和18（1943）年、金鉱山整備令によりすべての施設が撤去されて休山した。

終戦後、昭和25（1950）年に再開され、翌年には青化製錬所が建設された。昭和30年代から再び活況となり、40年代にかけて盛んに採掘が行われた。この間、昭和37（1962）年に子会社の大谷鉱山の経営となり、近隣にある興北鉱山を吸収合併した。昭和46（1971）年に大谷鉱山での採掘が休止となり、興北鉱山で採掘された鉱石の選鉱のみ操業されたが、昭和51（1976）年に完全に閉山となった。

荒川鉱山

（あらかわ）

めずらしいカラミレンガ製の巨大な「城塞」がそびえる銅山跡

秋田市近郊で繁栄した国内有数の銅山

秋田県は地下資源に恵まれた県であり、特に金属鉱物と石油は国内有数の埋蔵量を誇っていた。日本海に面する県庁所在地の秋田市は、国内最大の八橋油田を有するなど石油生産の中心地で、一部は今も生産が続いている。これより東部の山間部、大仙市～仙北市に移ると今度は金属鉱床地帯となり、銅、鉛、亜鉛などを主体とする鉱山が多く存在した。

この地域の金属鉱山は中小規模のものが大半を占めたが、国内屈指の大鉱山も存在した。大仙市の協和地区にある荒川

Data

【所在地】 秋田県大仙市
【施設】 大盛館　018-881-8035
【営業・見学】 9時～16時30分（月曜定休日）／無料
【主な産出物】 銅
【操業・歴史】 正徳2（1712）年～昭和20（1945）年

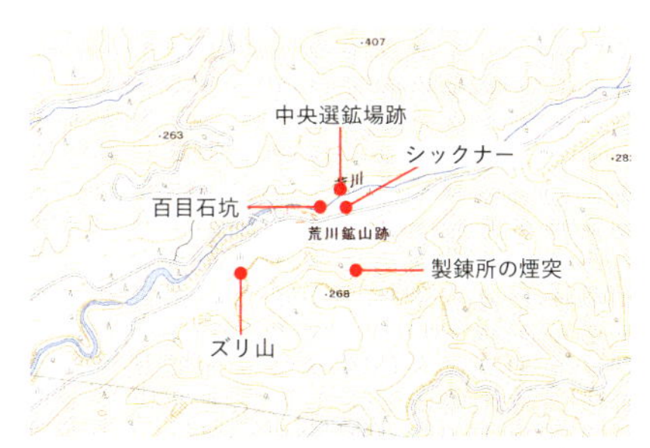

②見どころ分布図（地理院地図（電子国土Web）を基に作成、2.5万分の1地形図「稲沢」に対応）

①中央選鉱場跡　明治40（1907）年に第二選鉱場として建設された後に大改修され、大正13（1924）年に完成した。本鉱山最大の見どころ

鉱山だ。明治時代の中頃に巨大な鉱山へと発展し、秋田市よりも3年早く電灯が導入されるほど繁栄していた。

鉱山跡は市の北部、荒川に沿った山間部にある。中心地は旧協和町によりレジャーゾーンとして開発され、観光坑道（マインロード荒川）、キャンプ場、サーキット場がつくられた。しかし観光坑道とキャンプ場は閉鎖され、サーキット場のみ運営が継続している。

サーキット場の周辺には中央選鉱場跡、ズリ山、煙突などの遺構が残されている（②）。目玉はやはり、選鉱場跡の廃墟だろう。跡地の近くに建つ大盛館には、鉱石をはじめ貴重な資料が展示されている。

中央選鉱場跡を中心とするカラミレンガの遺構群

かつては荒川沿いに巨大な鉱山町が形成され、社宅や商店、鉱山事務所、選鉱場、製錬所など多くの建物が一帯に立ち並んでいた。これらはほとんどが解体されてしまい、今では中央選鉱場の跡、製錬所の煙突、ズリ山、百目石（ひゃくめいし）坑、墓地などが残るのみとなっている。敷地内は立ち入り禁止だが、道路から遺構を見学することができる。

中央選鉱場跡はサーキット場の対岸にそびえる巨大な遺構で、まるで城塞のような壮観な光景が見られる（①）。ここは一般的なコンクリートではなくカラミレンガで造られているのが特徴であり、6段におよぶ巨大なものだ。掘り出された鉱石から精鉱と不要な石（ズリ）を分けるのが選鉱場で、竣工時には当時最新の浮遊選鉱法が導入された。すぐ脇には大小4つのシックナーが残され、こちらも同じくカラミレンガ製だ（③）。

中央選鉱場でふるい分けられた精鉱とズリは、川の対岸にある製錬所とズリ山へそれぞれ運ばれた。精鉱は製錬所で銅の原料として消費され、一方のズリはゴミとしてズリ山に廃棄された。製錬所の

③シックナー　カラミレンガでつくられたものは非常にめずらしく、ここでしか見られない

④製錬所の煙突　サーキット場の上方斜面に四角い煙突が残る

⑤ズリ山　砂かす山とも呼ばれ、採掘や選鉱の過程で発生したズリを捨てた場所。かつては台形の山になっていた

跡に重なるようにサーキット場がつくられたため、現在は山腹に煙突が残るのみとなっている（④）。ズリ山も工事用の資材利用などのためずいぶん削られてしまったが、今も広大な姿を眺めることができる（⑤）。道路に沿って300mほど続くズリ山は、地下からとてつもない量の岩石が掘り出されたことを物語る。

百目石坑は荒川鉱山で第2の規模だった主力坑道で、中央選鉱場跡の左隣にある（⑥）。平成19（2007）年までは坑道内の見学ができたが、内部の崩落により廃止されてしまった。営業停止から15年以上経過して草木も繁茂しているため、観光施設だった頃の面影はほとんど残っていない。

ここで産出した鉱石、特に水晶が目玉となる展示物

大盛館は、サーキット場より2km下流の国道沿いにある。館内には荒川鉱山記念室が置かれており、当時の写真を中心に、鉱石、絵図、書類など計390点の収蔵品が展示されている。さく岩機やカンテラなど道具類の多くは、ほかの鉱山で使用されたものだ。

鉱山の歴史や仕事、従業員の生活の様子などの解説に加え、採鉱現場を再現した展示コーナーや、全盛期を再現した大きなジオラマも置かれている（⑦）。今

⑥百目石坑　出口のプレートが付いたところが入口であるが、木の棒でふさがれている

⑦荒川鉱山のジオラマ　全盛期の鉱山の町並みが模型で再現されており、どこにどんな施設が存在したのか一目でわかる

⑧鉱石展示の様子　このコーナーには主に荒川鉱山産出の水晶が展示されている

⑨緑水晶　普通の水晶と比べて薄く緑色を呈しているのが特徴

はサーキット場となっている場所を中心に巨大な鉱山町が広がり、繁栄していた頃の様子を知ることができる。

この中で特に目を引く展示物は鉱石だ（⑧）。荒川鉱山から産出した大人気の鉱物、水晶が多めに展示されており、6角錐状のきれいな結晶もある。緑色の水晶（緑水晶）もめずらしいものだ（⑨）。

鉱床・鉱物　銅鉱石と一緒にきれいな水晶がたくさん産出

荒川鉱山周辺には新第三紀中新世の堆積岩（泥岩、凝灰岩）とこれを貫く石英斑岩が分布している。銅鉱床は泥岩および凝灰岩の割れ目を埋めて生成した鉱脈型鉱床だ。荒川の両岸沿いに多数の鉱脈が走り、嗽沢（うがいさわ）坑本鏈および百目石坑本鏈が主脈として採掘された。

鉱石は通常、黄銅鉱、黄鉄鉱、石英からなり、美しい水晶が多くともなわれるのが特徴だ。地表付近では地下水の影響により自然銅、孔雀石、赤銅鉱などの色鮮やかな二次鉱物が形成されている。また三角形の黄銅鉱の結晶（三角式黄銅鉱）や希産鉱物、ベゼリ石（荒川石）が産出しており、著名な鉱物産地としても知られている。

歴　史　明治末期から昭和初期にかけてが全盛期

荒川鉱山は江戸時代中期の元禄13（1700）年に発見され、平右エ門が正徳2（1712）年から3年間採掘した。元文3（1738）年には久保田藩の直営鉱山となり、寛保3（1743）年まで続いた。

明治4（1871）年、物部長之が経営を始めたが数年で失敗。数人の手を経た後、明治9（1876）年に瀬川安五郎の所有となり、ほどなくして嗽沢に大鉱脈が発見された。本格的な採掘が始まり、早くも明治17（1884）年には1000名以上の従業員を擁する大鉱山へと成長した。

明治29（1896）年、三菱合資会社が権利を譲り受け、近代的な設備を導入して大規模な開発を行った。明治34（1901）年頃から出鉱量が増加し、国内有数の鉱山へと発展した。そして明治43（1910）年から昭和5（1930）年にかけて全盛期を迎えた。

しかしその後は衰退に向かい、昭和15（1940）年には付属製錬所が休止となった。昭和18（1943）年、隣接する宮田又鉱山の委託経営となったが、昭和20（1945）年の終戦とともに休山した。戦後は本格的に採掘されることなく、完全に閉山となった。

3

坑道探検

地下に掘られた坑道は、鉱山の主役ともいえる場所だ。アリの巣のように張りめぐらされた坑道で、金・銀・銅などの鉱石が採掘された。ここでは、坑道見学が目玉となる6か所の鉱山跡を紹介。観光用に公開されている坑内には、巨大な空間となった採掘跡や美しい素掘りのトンネルなどが当時のまま残されており、驚くべき光景が広がっている。未知の空間に足を踏み入れ、地下の冒険に出かけよう。

町指定史跡

谷口銀山

（たにぐち）

暗く狭い穴でコウモリが飛び交う、日本一「ヤバい」坑道探検

Data

【所在地】山形県最上郡金山町
【施設】谷口銀山史跡保存会（問い合わせ先：金山町教育委員会、0233-52-2902）
【営業・見学】要予約／4月15日～11月15日／入場料（個人）：大人500円
【主な産出物】銀
【操業・歴史】平安時代末期（1159～1160年）～昭和15（1940）年

金山の名前が付いた町で栄えた銀山

山形県北部の最上地方にある金山（かねやま）町は、美しい杉の木「金山杉」に覆われた自然豊かな場所として知られている。金山の名が付く町名はいかにも金鉱山に由来していそうに思われるが、実際には金ではなく銀を掘った大きな鉱山、谷口銀山が存在した。江戸時代は鉱物の種類によらず鉱山のことを「金山＝かねやま」と呼んでいたからだ。

谷口銀山は町の中心部から北東3.5kmの山あいにあり、この一帯には十数軒の民家と水田からなるのどかな風景が広がっている。今では想像しがたいが、かつてこの地に大銀山が存在し、最盛期には3000軒もの住宅が存在したと伝えられている。しかし本格的な採掘は江戸時代のうちに終わり、近代以降はわずかに試し掘りが行われた程度で終了している。

①坑道内（壱番煙り）に生息するコウモリ　普通の観光坑道とは異なり、ものすごい数のコウモリが潜む坑道を探索できる

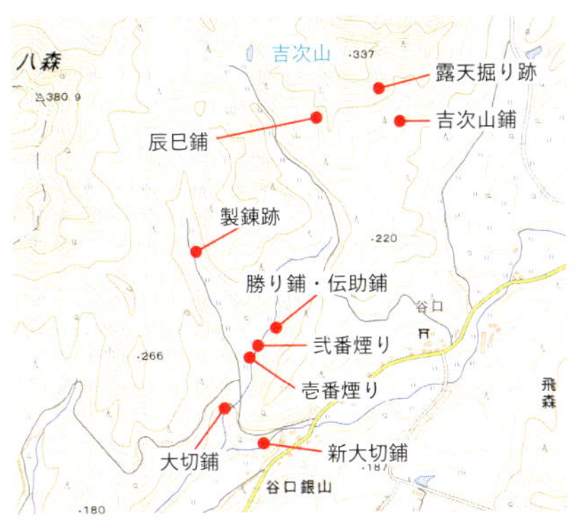

②**見どころ分布図**（地理院地図（電子国土Web）を基に作成、2.5万分の1地形図「羽前金山」に対応）

鉱山跡は集落のすぐ裏手にあり、下流の大切鋪（おおきりしき）から北部の吉次山にかけて坑道跡、露天掘り跡、製錬所跡、社寺跡などの遺構が分布している（②）。また、入口の広場には案内板が設置され、石臼やカラミが展示されている（③）。最大の見どころは壱番煙りや新大切鋪などの坑道だが、露天掘り跡も面白い。

坑道跡はこのエリアに数多く残されており、壱番煙りをはじめ数か所は内部の見学ができる。一般的な観光坑道とは異なり、ほぼそのままの状態で保存されているのが谷口銀山の特徴だ。特に壱番煙りはきわめて狭い空間、強烈な臭い、大量のコウモリが飛び交うなど日本一「ヤバい」坑道になっている（①）。ほかの観光鉱山では決して味わえない、独特の坑道探検を楽しんでみよう。

壱番煙り——日本一ヤバい坑道

壱番煙りは大切鋪から200m離れたところにあり、入口は地表から真下に掘られた立坑になっている（④）。大切鋪の換気などを目的に掘られた坑道＝煙鋪（けむりしき）の1つであり、かつては壱番煙りから六番煙りまでの煙鋪が存在したといわれる。今は壱番煙りと弐番煙りの跡が残るのみで、それ以外の煙鋪は跡形もない。煙鋪の内部を見学できる鉱山跡は、ここ谷口銀山だけだ。

はしごで立坑の底に降りると今度は横に坑道が延びており、約60m入坑することができる。横穴に入るとすぐにきわめて狭くなり（⑤）、この狭さは見学で

③**案内板**　坑道などが示された絵図と、銀山の歴史などが紹介されている

④**壱番煙り入口**　すり鉢状の立坑になっているのが特徴。ここから降りていく

⑤壱番煙り内部（手前） かなり狭い坑道が続き、腰をかがめないと進めない

⑥壱番煙り内部（奥） 高さが約3mもある背の高い空洞になっており、天井には数多くのコウモリが住んでいる

きる坑道の中で日本一だろう。閉所が苦手な方は入るのが難しいかもしれない。

奥に進むと狭い坑道が40mほど続き、突然、長方形の形をした坑道へと変わる。立って歩けるほどの高さになるが、この付近からものすごい数のコウモリが生息しており、歩くと必ずコウモリにぶつかってしまう（①）。また、強烈な臭いも充満しており、床のところどころに黒いコウモリの糞が堆積している。観光用に手が加えられていない、まさに生（なま）の坑道探検が味わえる。

四角い坑道を進むと途中で枝坑道が分かれるが、石積みでふさがれている。深い溝があって壁にぴったりくっつかないと越えられない場所もあり、かなりのスリルを味わえる。やがて3mほどの高さのある空間に達し、まるで鉱脈を掘り抜いた跡のような場所だ（⑥）。はしごで下まで降りられるが滑りやすくて危険なため、ここで引き返すほうがよい。この先は大切鋪へつながっているが、途中が水没しているためそこまでは抜けられない。

新大切鋪——きれいな四角形の坑道と狭い換気穴

新大切鋪は集落を流れる大石川の河岸にあり、坑木で組まれた立派な入口が特徴だ（⑦）。伝助鋪と勝り鋪の水抜きを目的に江戸時代末期に掘られた最後の坑道だったが、90mを残して目的を果たせず途中で中止されている。

入坑するときれいな四角形で掘り進められており、行き止まりまで約190m続いている（⑧）。すべて手作業で掘られたもので、壁面を見ると鑿の跡が無数に残されている。また、側面には数種類の記号が掘られているが、何を意味するの

⑦新大切鋪 入口の坑木は後から保存活動で組まれたもの

⑧**新大切鋪内部**　端正な四角形の坑道が続き、左端には排水溝が作られている。ポンプを動かさないと茶色の部分まで水がたまっている

⑨**第二煙敷（新大切鋪内部）**　急勾配の狭い斜坑になっており、出口まで82段の階段が続いている

か解明されていない。天井までの高さは約1.5mで、少しかがまないと進んでいけない。壱番煙りほどではないが、奥にはコウモリがやや多く生息している。

換気坑道として第一煙鋪と第二煙鋪の2つの支道が掘られており、前者は未完成であるが、後者は地表と貫通し、出口として利用されている。この第二煙鋪が坑道内の最大の見せ場であり、終点のすぐ手前から驚くほど狭くて急な空間が地表まで続いている（⑨）。このような狭い上りの坑道も、ここ谷口銀山でしか体験できない。

江戸時代に掘られたさまざまな坑道

先に紹介した壱番煙り、新大切鋪以外にも、大切鋪、辰巳鋪、勝り鋪、伝助鋪、吉次山鋪などの坑道跡が残されている。注目すべきは大切鋪、辰巳鋪、勝り鋪の3か所だ。

大切鋪は広場のすぐ下の滝の脇にあり、本鉱山で最大の長さを誇る坑道といわれている（⑩）。採掘にともなう地下水の排水路として大活躍した。入口付近しか見学できないが、内部は驚くほど広い空洞になっている（⑪）。江戸時代の驚くべき採掘技術の高さを感じられる場所だ。

⑩**大切鋪**　滝の左脇から吉次山の真下に向かって約1km以上延びていると伝わるが、奥行き約30mで崩れている

⑪**大切鋪内部**　トンネルのような形をしており、車1台が通れるほどの広さがある

⑫**辰巳鋪**　吉次山の直下に掘られた坑道で、入口には昭和時代の古い坑木が残る

⑬**辰巳鋪内部**　新大切鋪や壱番煙りと同様に四角形に掘られている

辰巳鋪は吉次山の南西中腹にあり、昭和時代に再開発が行われた坑道の1つ(⑫)。中に入ると端正に四角に掘られた坑道が奥まで続き、新大切鋪より広い空間になっているのが特徴だ（⑬)。また、木でつくられた土橇（どぞり）の残骸があり、壁には明かりの受け台が掘り込まれているため、主要坑道の1つであったことは間違いないだろう。約60ｍ進めるが、その先は大規模に落盤しているため、銀の採掘跡まではたどり着けなくなっている。

勝り鋪は壱番煙りの北東約200ｍにあり、最も良質な銀鉱石が出たといわれる。残念ながら今では入口がわずかに見られるのみとなっている（⑭)。すぐ隣には銀山屈指の優良坑、伝助鋪跡が残り、この鋪よりも勝っていたため勝り鋪の名前が付けられた。

吉次山の露天掘り跡

吉次山は銀山跡の最も北側にある山で、谷口銀山のシンボル的な存在になっている（⑮)。金売り吉次がこの場所で最初に銀の鉱脈を発見したと伝えられており、その中腹に露天掘り跡が残されて

⑭**勝り鋪**　入口がわずかに開くのみで、中には入れない

⑮**吉次山**　正面に見える三角形の形をした山で、その名称は金売り吉次に由来している

いる。ほかの見学地点とは少し離れているが、集落裏の参道から吉次山に向かって登ることができる。

吉次山の露天掘り跡は坑内堀りよりも古く、初期の段階の採掘跡だといわれている。硬くて大きな岩場には大小の穴があちこちに開けられており、大きい穴は洞門のように貫通している（⑯）。銀鉱脈の部分のみ完璧に掘り抜かれているのが特徴だ。火で熱して岩盤をもろくし、これをはぎ取るという工法で採掘されたと伝わっている。

⑯吉次山露天掘り跡　正面の穴には神明神社がまつられており、左の穴は掘り抜かれて貫通している

鉱床・鉱物　細い鉱脈の集合体からなる銀鉱床

谷口銀山周辺には新第三紀中新世の堆積岩（泥岩、砂岩、凝灰岩）からなる地層が分布しており、吉次山の付近には流紋岩が貫入している。鉱床は凝灰岩中の細かい割れ目を埋めて生成した網目状の鉱脈型鉱床であり、流紋岩の貫入活動にともなって形成されたものであろう。

鉱脈はほぼ石英からなり、まれに黒色粒状の針銀鉱が産出する。針銀鉱が本鉱山における主要な銀の鉱物であり、銀鉱石として採掘された。吉次山の周辺や勝り鋪のあたりに良質な銀鉱脈が存在したといわれるが、近代以降の探査がほとんど行われていないため、鉱床の全容や銀の埋蔵量についてはわかっていない。

歴　史　江戸時代に3度にわたって繁栄

谷口銀山は平安時代末期の平治年間（1159 ～ 1160年）に金売り吉次が発見したと伝わる。戦国時代末期の最上義光の頃から銀の採掘が始まり、江戸時代初期の元和8（1622）年に新庄藩が成立してから本格的に稼行が開始された。

鉱山開発が成功し、寛永年間（1624 ～ 1644年）から慶安年間（1648 ～ 1652年）に最盛期を迎え、新庄藩の財政を潤した。当時は坑道66か所、金掘り小屋3000軒、遊郭70軒、製錬場56か所などが存在し、栄華をきわめていたといわれる。製錬された銀は7頭の牛に1頭あたり32貫（120kg）ずつつけ、1日も休まず新庄城へ運ばれたと記録されている。

排水の問題により一時期は衰えていたが、元禄3（1690）年頃、宝永年間（1704 ～ 1711年）から元文年間（1736 ～ 1741年）の2回にわたって再び繁栄した。その後は廃れていたが、弘化2（1845）年、江戸深川の小田原屋平次郎が再興を目論んで新大切鋪の掘削を開始。2年間続いたが途中で中止となり、そのままほぼ廃山状態になった。

しばらく放置された後、昭和14 ～ 15（1939 ～ 1940）年頃に日本鉱業により旧坑道の再開発が試みられた。しかし排水困難なため不成功に終わり、完全に閉山となった。昭和59（1984）年、地元有志により谷口銀山保存会が結成され、保存活動が今も継続している。

鳴海(なるみ)金山

巨大な採掘跡と古い坑道の探検が楽しめる幻の金山跡

Data

【所在地】新潟県村上市
【施設】ゴールドパーク鳴海　0254-72-6883
【営業・見学】8月～10月の日曜日／入場料（個人）：大人600円
【主な産出物】金
【操業・歴史】大同2（807）年～昭和20（1945）年

朝日山地の秘境に繁栄した上杉景勝の隠し金山

新潟県最北部、村上市東部の朝日地区は、名前の通り朝日山地に囲まれた山間部になっている。この地区を流れる三面川の上流は秘境地帯として知られ、山形県境にかけて険しい山々が続いている。特に県境付近は麓からのアクセスが非常に悪く、冬場になると5m以上の雪が積もる超豪雪地帯だ。まさに人が近寄りがたい秘境であるが、国内屈指の大金山、越後黄金山(こがねやま)が存在した。

越後黄金山はこの地域に存在した複数の金山の総称で、代表的なところが鳴海金山だ。県境近くの険しい場所にもかかわらず、かなり古い時代から開発が行われてきた。特に、安土桃山時代には上杉景勝の隠し金山として大いに栄え、当時は全国1位の産金量を誇っていた。昔は麓の高根集落からの移動が相当たいへんだったと考えられるが、今では朝日スーパーラインの開通により、車で容易に行けるようになっている。

①黄金坑（大千畳坑）　鳴海金山の主役。近世以前に掘られた坑道の中で最大級の大きさを誇る採掘跡が見どころ

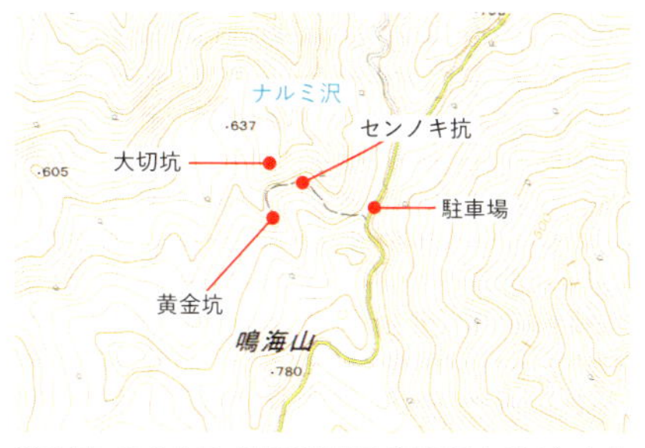

②**見どころ分布図**（地理院地図（電子国土Web）を基に作成、2.5万分の1地形図「鳴海山」に対応）

③**大切坑**　観光用のためコンクリートの入口がつくられている

金山跡は鳴海山（標高780 m）の頂上近くの北方山腹にあり（②）、この一帯に27か所の坑道跡の存在が学術調査で判明している。中でも黄金坑（大千畳坑）、小千畳坑、あさひ坑、大切坑の4坑が採掘の主役で、黄金坑と大切坑の2か所のみ公開されている。黄金坑は巨大な採掘跡が見どころで、大切坑は谷口銀山のような生々しい坑道探検を楽しめる場所だ。

大切坑――生に近い坑道探検が楽しめる

大切坑は標高約600 m、高根川源流のナルミ沢沿いにあり、鳴海金山の坑道の中では1番下に位置している（③）。ここより上位にある黄金坑などの坑道にたまる地下水を排水するために掘られた水抜き穴だ。駐車場から高低差が約100 mもある急な坂道を下りていくと、およそ15分で到着する。

内部はきれいな四角形に掘られた坑道が続いており、左端には水を抜くための側溝がつくられている（④）。途中の壁面には、たぬき掘りの狭い坑道が真っすぐに突き進んでいる（⑤）。金鉱脈を探しあてるため、試しに掘られた坑道の跡だ。大切坑内には、このような試掘坑道

④**大切坑内部の入口付近**　きれいに四角に切り出されているのが特徴

⑤**大切坑内部にある試掘坑道**　岩盤の割れ目に沿って掘り進められているが、大きな金鉱脈にあたらずに終わっている

⑥金鉱脈の採掘跡　鉱脈そのものがほぼ完璧に掘り抜かれている

⑦大切坑内部の階段通路　狭小と急勾配が特徴の坑道であり、四角にきれいに掘り出されている

があちこちに残されている。

入口から約100m入ると金の採掘跡に到達し、大きな空洞が広がっている。大切り本殿と呼ばれ、粘土脈から多量の自然金が出たと伝えられている。特に、金鉱脈が縦長に掘り抜かれた跡が見事だ(⑥)。また、堀り残された昔の鉱脈が明治時代に近代的な手法により採掘されており、近世以前に加えて近代の採掘跡が残るのも特色。

金の採掘跡周辺では、近世以前に掘られた坑道が複雑に入り組んでおり、順路に沿って見学できる。きれいな長方形の坑道が多く、背を低くしないと進めないところもしばしば存在する。中には、狭くて急な空間を登っていく場所もある(⑦)。洞窟探検が好きな方なら大いに楽しめる場所だろう。

黄金坑
――巨大な空洞を見学できる

黄金坑は大切坑より50mほど上にあり、トンネルのような立派な入口がある(⑧)。鳴海金山最大の大きさを誇る坑道で、山を越えた反対側にあるセンノキ坑まで貫通しているという(⑨)。中に入ると広々とした坑道が続いており、天井はコンクリートや金属製の屋根に覆われている。大切坑とは異なり、こちらは完

⑧黄金坑　近代（太平洋戦争中）に掘られた坑口のため、大きな入口になっている

⑨センノキ坑　黄金坑へ向かう山道沿いにあるが、入口付近が大きく崩れている

⑩黄金坑内部の大空洞　ハチの巣のように掘り込まれた穴が無数に見られる

全に観光用の坑道として整備されているのが特徴で、初心者向きだ。

この坑道の見どころは、2か所ある巨大な金の採掘跡だ（①）。大きいほうは長さ40m、幅20m、高さ10mに達する広大な空洞になっており、延沢銀山の銀鉱洞よりも大きい。ハチの巣状にくぼんだ穴も数多く残されている（⑩）。驚くほどの大空洞から、かつて全国1位の金山に輝いた歴史が感じられる。この大空洞もコウモリのすみかになっており、その糞が厚く堆積している。

鉱床・鉱物　粘土質の脈に含まれる金が採掘された

鳴海金山周辺の地質は新第三紀中新世の堆積岩（砂岩、泥岩、凝灰岩）から構成されている。金鉱床は砂岩および泥岩の細かい割れ目を埋めて生成した鉱脈型鉱床である。幅数mm～数cmの細かい粘土質の脈からなり、この中に著しい量の金が含まれていたとされる。佐渡金山など石英脈からなる一般的な金鉱床とは異なることが本鉱山の特徴だ。

歴　史　安土桃山時代に全国1位の金山に輝いた

鳴海金山は平安時代初めの大同2（807）年に修験者、相之俣弥二郎により発見されたと伝わる。承安年間（1171～1175年）に平頼盛（池大納言）が奉行となって盛大に採鉱された。

戦国時代になると上杉氏の支配下になり、隠し金山として採掘が行われた。天正年間（1573～1592年）から慶長初期にかけて最盛期を迎え、全国1位の金山となった。慶長3（1598）年には全国産金量の約3分の1を占め、有名な佐渡金山をも上回っていた。しかし江戸時代になると急速に衰退し、元和2（1616）年、2代目将軍徳川秀忠の命により採掘が廃止された。

明治3（1870）年、吉田倍太郎が再開し、巨額の資金を投じて約20年間経営にあたった。しかし、結果は思うようにいかず不成功に終わった。その後、鉱業権は大日本鉱業の所有となり、政府の補助を受けて昭和15（1940）年から20（1945）年にかけて金の採掘が行われた。戦後は操業されることなく閉山となった。

のべさわ
延沢銀山

国指定史跡

大人気の温泉地に、巨大な空洞をもつ国内屈指の銀山跡

Data

【所在地】山形県尾花沢市
【施設】尾花沢市社会教育課　0237-22-1111
【営業・見学】無料
【主な産出物】銀
【操業・歴史】戦国時代末期〜昭和41（1966）年

有名な温泉地にかつて存在した大銀山

山形県北東部の尾花沢市には東北屈指の温泉地、銀山温泉がある。銀山川の両岸に、大正時代から昭和初期にかけて建築された温泉旅館が立ち並んでいる(①)。この大正ロマンが漂う町並みが人気を集めて、国内外から多くの観光客が訪れているほか、「おしん」などのテレビドラマやアニメの舞台にもなっている。

「銀山」の名前の通り、かつてこの観光地には銀を掘った巨大な鉱山が存在した。江戸時代の初めには石見銀山や生野銀山にも匹敵する産出量を誇り、一時期は日本三大銀山の1つにも数えられたが、ほかの有名な銀鉱山とは異なり短命に終わってしまった。その後は鉱山労働者により発見された温泉が銀山温泉として発展し、現在も多くの客でにぎわっている。

採掘場所は銀山川を挟んで西部の西鉱床（西山）と東側の東鉱床（東山）の2か所で、当初は西鉱床から採掘が始まり、

①**銀山温泉**　大正時代を思わせる町並みが銀山川に沿って続いている

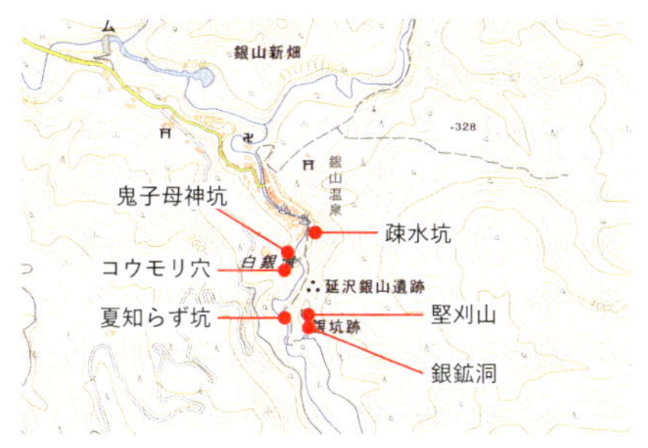

②見どころ分布図（地理院地図（電子国土Web）を基に作成、2.5万分の1地形図「銀山温泉」に対応）

③銀鉱洞入口　坑木は観光向けに平成の時代に組まれたもの

次第に東鉱床へと移っていった。東鉱床の遺構のみが観光向けに公開されており、温泉街から続く整備された遊歩道に沿って複数の坑道跡が分布している（②）。東鉱床最大の採掘跡、銀鉱洞は最大の見どころで、地下の巨大な採掘跡を見学できる。温泉街の観光を楽しんだ後は、坑道探検に出かけてみよう。

地下に巨大な空洞が残る銀鉱洞

東鉱床は温泉街の南方約400m、堅刈山（かたかりやま）を中心とする地域にあり、遊歩道を歩いて約15分かかる。今は白銀公園として整備されているが、この山の地下には巨大な銀鉱床が存在した。銀鉱洞は最大規模の鉱体を採掘した跡で、内部を約80m見学することができる。公園のど真ん中にある、立派な坑口が銀鉱洞の入口だ（③）。

中に入ると下に向かって階段が続き、ところどころに枝坑道が分かれている。下まで降りると巨大な空洞が広がっており、ボコボコとくぼんだ採掘跡が数多く残っている（④）。江戸前期にこれほど大がかりな採掘が行われたことは驚きだ。また、「堅刈」の名の通り非常に硬い岩石のため「焼き掘り工法」で採掘されていた。薪を燃やして表面を加熱し、水をかけて急冷することで岩盤をもろく

④銀鉱洞内部　長さ30m、幅10m、高さ10mの巨大な空洞が存在する。丸くくぼんだ部分が銀鉱脈を掘り抜いた跡

⑤焼き掘りによる採掘跡　薪を燃やした影響で多量の煤が付着している

⑥2段に掘られた坑道　明かりがともった下の坑道にはかつて入坑できた

して鉱石をはぎ取る方法だ。その名残として、採掘跡の壁面には今も黒い煤の跡が残っている（⑤）。ここは、銀の採掘で繁栄した歴史に思いをはせることができる貴重な遺構だ。

階段を上がって地表に出ると、その両側にも坑口がある。左のほうは2段の坑道が掘られており、内部で銀鉱洞とつながっている。昔は入れたが、崩落により今では立ち入り禁止になっている（⑥）。右側は縦長に深く掘り込まれて、まるで立坑のようになっている。

水抜き用の疎水坑と、冷たい風が吹き出す夏しらず坑

東鉱床には銀鉱洞以外にも疎水坑、夏しらず坑、コウモリ穴など多くの坑道跡が残されている。堅刈山近くの銀山川沿いに集中し、たぬき掘りのような小さな穴から縦長に大きく掘り込まれた採掘跡まである。特に注目すべき坑道は疎水坑と夏しらず坑で、両者とも延沢銀山の主要な坑道の1つであった。

疎水坑は温泉街の中にあり、最も見学しやすい。堅刈山に向かって1kmを越える坑道が掘られ、東鉱床の中では最大の長さをもつといわれている（⑦）。残念ながら入口部分のみしか見学することができず、その先も奥行き135mのところで落盤している。奥をのぞくと、谷口銀山と同様に四角に掘られた坑道が続いている。

⑦疎水坑　東鉱床の水を抜くために掘られた坑道。入ってすぐ立入禁止になっている

⑧夏しらず坑　昔は中に入れたが、今は入口付近に柵が設置されて入れない

夏しらず坑は銀鉱洞の約200m手前の遊歩道脇にあり、きれいな形をした坑口が開いている（⑧）。名前の通り、坑口に近づくと冷たい風が吹き出しているのが特徴で、夏場に来るとエアコンのような清涼感を味わうことができる。

⑨石英からなる銀鉱脈　淡褐色の母岩を横切る無色の石英脈が見られ、空隙には小さな水晶が生成している

鉱床・鉱物　赤い色の濃紅銀鉱が銀鉱石として採掘された

銀山温泉周辺の地質は新第三紀中新世の堆積岩（礫岩、シルト岩、砂岩、凝灰岩）から構成されている。特に堅刈山周辺には凝灰岩が分布している。銀鉱床は凝灰岩中の細かい割れ目を埋めて生成した網目状の鉱脈型鉱床である。鉱床の形成にともなって母岩の凝灰岩が非常に硬質化している。

鉱脈は石英を主体としており、濃紅銀鉱、淡紅銀鉱、方鉛鉱、閃亜鉛鉱、黄鉄鉱などの硫化鉱物がともなわれる。また、脈には小さな晶洞が発達し、小さな水晶が生じている。夏しらず坑近くの採掘跡には鉱脈の一部が残り、今も観察することができる（⑨）。

本鉱山はめずらしく濃紅銀鉱が銀の主要鉱物となっており、赤い色を示しているのが特徴だ。ルビーシルバーとも呼ばれている。銀鉱洞ではこの赤い鉱物が多量に含まれる良質な部分がごっそりと掘り抜かれている。

歴　史　短命に終わった全国有数の大銀山

延沢銀山は康正2（1456）年に加賀国の人、儀賀市郎左衛門により発見されたという伝説がある。慶長年間（1596～1615年）に篠田八郎右衛門が試掘したところ、有望な銀鉱脈が発見された。最上義光の家臣、野辺沢氏が当銀山を支配し、山師による請負で本格的な採掘が始まった。

元和8（1622）年に最上氏が取りつぶしとなり、新たに藩主となった鳥居氏が銀山奉行を置いて経営にあたらせた。このあたりから急速に発展し、人口2万人ほどが暮らす銀山町が形成された。寛永10年（1633）年前後に最盛期を迎え、全国屈指の産銀量があったといわれている。寛永11（1634）年から幕府の直営になったが、突如として翌12（1635）年から5年間採掘が停止された。

寛永18（1641）年に再開され、水抜きが成功したため正保年間（1644～1648年）にかけて再び栄えた。しかし慶安年間（1648～1652年）には西鉱床が掘り尽くされ、採掘の中心は東鉱床へと移った。寛文年間（1661～1673年）に最後の繁栄を迎えたが、湧水や浸水の問題により長続きしなかった。元禄11（1698）年には最後の水抜きに着手したが、成功には至らず閉山になった。その後は一攫千金を夢見る山師たちが江戸時代後期から昭和41（1966）年に至るまで断続的に再開発を試みたが、いずれも失敗に終わった。

笹畝（ささうね）坑道

日本遺産

近代化産業遺産

大正時代の坑道と採掘跡を見学できる数少ない鉱山跡

銅とベンガラで栄えた赤い町並みに残る坑道

岡山県西部の高梁市吹屋地区は銅とベンガラ（弁柄）の生産で栄えた地域だ。山間部にひときわ目立つ赤い町並みが残されており、ベンガラ漆喰（しっくい）壁と赤褐色の瓦でつくられた商家が立ち並んでいる。この地には国内有数の銅山、吉岡銅山があり、古くから鉱山町として発展していった。さらに、銅鉱に含まれる硫化鉄鉱（磁硫鉄鉱）が赤色顔料であるベンガラの原料として利用された。

吹屋地区では江戸中期に全国で初めて

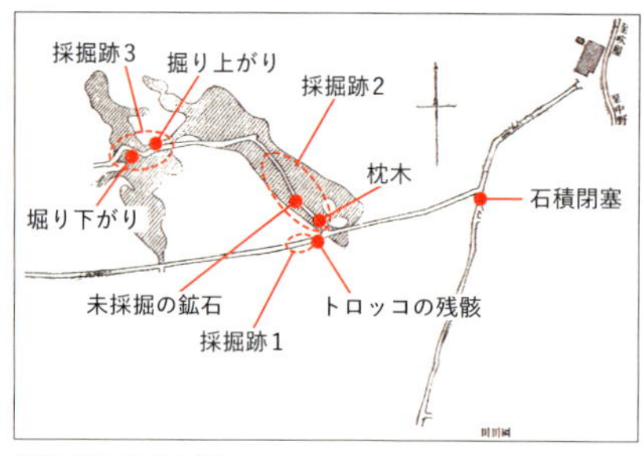

①見どころ分布図
（小倉（1922）に加筆して作成／巻末の参考文献参照）

Data

【所在地】 岡山県高梁市
【施設】 吉岡（吹屋）銅山笹畝坑道　0866-29-2145
【営業・見学】 4月～11月：10時～17時（無休）、12月～3月：10時～16時（土日月祝のみ）／入場料（個人）：大人400円
【主な産出物】 銅・硫化鉄鉱
【操業・歴史】 江戸時代末期～大正9（1920）年

②笹畝坑道全景　正面に見える立派に飾られた坑口が本坑で、その上に上坑とズリ山が広がっている

ベンガラ製造が始まり、江戸時代から大正時代にかけて国内最大の生産地として大いに栄えた。この名残りが赤い町並みであり、繁栄していた頃の面影を後世に伝えている。「『ジャパンレッド』発祥の地」として、令和2（2020）年に日本遺産に認定された。

この地区には吉岡銅山をはじめとして、かつて銅と硫化鉄鉱を採掘した多くの鉱山跡が点在している。これらの中で、坑道の一般公開が行われている唯一の場所が笹畝坑道だ（②）。吹屋の赤い町並みから約1km南の道路脇にあり、20分も歩けば到着できる。笹畝は吉岡銅山の支山として開発された小規模な鉱山であったが（後に吸収合併されて、吉岡銅山笹畝坑道と呼ばれている）、驚くほど巨大な採掘跡など、さまざまな見どころが坑内にある（①）。ほかの観光坑道とは異なり、大正時代の坑道を味わえるのも特色だ。

めずらしい大正時代の坑道探検が楽しめる

笹畝坑道には上下2か所の坑口とズリ山が残っている。吉岡銅山とは地下の斜坑でつながっているが、選鉱場や製錬所といった廃墟もなく、吉岡と比較すると笹畝は小規模な鉱山跡である。昭和53（1978）年に延長250mの坑道が整備され、翌54（1979）年から一般公開が始まった。以前は下の坑口（本坑）から入って上の坑口（上坑）から出る見学ルートになっていたが、令和6（2024）年現在は本坑の見学のみで、上坑は閉鎖されている。

受付でヘルメットを借りて本坑に入ると、大正時代に活躍した坑道が奥へ長く続いている（③）。頭が天井にぶつかってしまうほどの高さで、昭和時代の坑道と比べると、狭く掘られているのが特徴だ。ほかの観光施設で見学できる坑道はほぼすべてが昭和または江戸時代のもので、大正時代の坑道を十分に味わえる場所は全国でここだけだ。

坑道内の通路はコンクリートで固められているが、かつては線路が敷かれ、鉱石の運搬にトロッコが使用されていた。採掘跡1の手前には木製トロッコの残骸と線路が見られる（④）。さらに採掘跡

③本坑内部　全体的に狭く掘り進められており、天井もやや低くなっている

④木製トロッコの残骸　箱の部分が朽ち果ててしまい台車の部分のみが残る。唯一ここだけ、レールが床に残されている

⑤トロッコ線路の枕木　ちょうど枕木の上に観光用の歩道が整備されている。左脇には撤去されたレールが集められている

⑥採掘跡2　長さ40ｍ、幅10ｍ、高さ15ｍほどに達する巨大な空洞になっている。本鉱山最大の見どころ

2の足元には枕木が残り、脇には撤去された複数の線路も置かれている（⑤）。わずかな痕跡だが、大正時代の貴重な坑内軌道の跡を観察することができる。

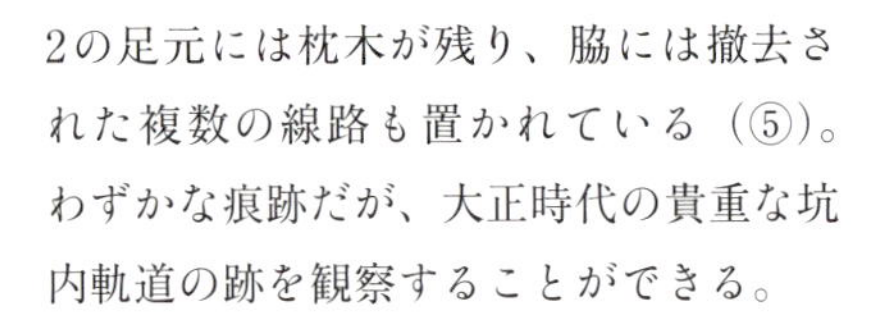

坑道内の巨大な採掘跡が見どころ

坑道内には銅と硫化鉄鉱の鉱石を採掘した跡が3か所見られ、入口に近いほうから順に採掘跡1、採掘跡2、採掘跡3がある（現地に表記はないが、便宜上ここでは番号をつけて呼んでいる）。明治から大正にかけての採掘跡だが、なぜか江戸時代の採掘風景を再現した等身大の人形が置かれている。

⑦採掘跡に露出する黄銅鉱と磁硫鉄鉱　青い緑青が生じた部分が黄銅鉱で、褐色にさびたところが磁硫鉄鉱

1番の見どころとなる場所は採掘跡2だ（⑥）。見学できる範囲の中では最大規模の採掘跡で、驚くほど巨大な空洞が広がっている。塊状のスカルン鉱体を採掘したために、このような空洞になったと考えられる。坑壁の一部には未採掘の鉱石が残り、黄銅鉱および磁硫鉄鉱が見られる（⑦）。

⑧採掘跡3（掘り上がり）　上に向かって脈状のスカルン鉱体が縦長に掘り抜かれている

⑨採掘跡3（堀り下がり）　⑧で掘り抜かれた脈状の鉱体が、今度は下に向かって採掘されている

⑩採掘跡1
脈状のスカルン鉱体を採掘した跡であり、2段に分かれているのが特徴

採掘跡3は、塊状ではなく脈状のスカルン鉱体を掘った跡だ。採掘跡2ほど大きくないが高さ約10mもある空洞になっており、階段を上って上から眺めることができる。さらに脈状の鉱体が上下に掘り抜かれた跡が残り、天井を見上げると掘り上がりで見事に採掘された跡が見られる（⑧）。一方、下を向くと掘り下がりで大きな溝のように掘られた跡がある（⑨）。

採掘跡1は木製トロッコの残骸のすぐ先にあり、採掘跡3と同じく脈状の鉱体を採掘した跡である。ここは2段の坑道から採掘されているのが特徴だ（⑩）。

鉱床・鉱物　銅・硫化鉄鉱のスカルン型鉱床

鉱山周辺の地質は古生代ペルム紀のチャート、泥岩、砂岩、中生代三畳紀の泥岩、頁岩および白亜紀の安山岩質凝灰角礫岩、流紋岩質凝灰岩、石英斑岩から構成されている。特に鉱山付近においては泥岩とこれを貫く石英斑岩が分布しており、両者の境界付近では泥岩の一部がホルンフェルス化している。

鉱床は泥岩が石英斑岩の貫入にともなう交代作用を受けて形成された銅・硫化鉄のスカルン型鉱床だ。接触面に沿ってスカルンが形成され、この中に鉱石鉱物として黄銅鉱と磁硫鉄鉱が鉱染状に含まれる。スカルンを構成する脈石鉱物は柘榴石、灰鉄輝石、角閃石、方解石などだ。

歴　史　三菱の開発により明治から大正時代にかけて繁栄

吹屋地区における銅山の歴史は非常に古く、平安時代初めの大同2（807）年に発見されたと伝わる。江戸時代になると幕府の支配地となり、山師の請負による経営が行われ、元禄年間（1688～1704年）および享保～天保年間（1716～1844年）にかけて繁栄した。

笹畝坑道は江戸末期に開発され、明治20（1887）年から三菱合資会社により本格的な採掘が始まった。明治23（1890）年まで続いたが、出鉱量が少なかったため中止となった。明治25（1892）年、杉本正徳が権利を譲り受け2年間採掘を行った。明治27（1894）年、再び三菱の所有となり、吉岡銅山の支山としてしばらく経営された。大正初期にかけて盛んに採掘されたが、大正9（1921）年頃に閉山した。

坑道ガイド

Column

鉱山で鉱石を掘るために掘削されたトンネルは坑道と呼ばれる。「水平坑道」「立坑」「斜坑」の3種類があり、これらの坑道が組み合わさって地下全体にアリの巣のように張りめぐらされている。坑道の総延長は大鉱山になると100km以上にも達し、国内最長の足尾銅山では1234kmにもおよぶ。

①**鏈押し坑道**　尾去沢鉱山の坑道内部。鉱脈に沿って掘られた様子がわかる

メインとなるのが水平坑道で、鉱脈に向かって掘削される「立入坑道」とこれに沿って掘られる「鏈(ひ)押し坑道」がある（①）。地上に有望な露頭が発見されると、まずその直下の様子を探るために水平方向に立入坑道が掘られる。鉱脈に当たるとそこから鏈押し坑道が展開されて、採鉱が開始される。

立入坑道は鉱石の運搬や地下水の排水、通気などに利用され、その鉱山で最大のものが「通洞坑」と呼ばれた。また、特に排水を目的として掘られたものは「疎水坑道（疎水坑）」と称され、江戸時代から坑道内の水抜きに大いに活躍した（②）。

坑内掘りは戦国時代から始まり、江戸時代にかけてたぬき掘りと呼ばれる坑道が掘られた（③）。名前の通り、大人１人がやっと入れるほどの小さな穴だ。当時はすべて槌と鑿による手掘りだった。中には整った長方形の坑道や車１台が入れるほど大きなものもあり、近世の技術の高さに驚かされる。

立坑は垂直方向に掘られた坑道で、深いもので500m以上もある。「立坑ケージ」と呼ばれるエレベーターが内部に設置されて、人員や鉱石の輸送に活躍した。斜坑はある角度で斜めに掘削されたもの。レールやベルトコンベヤーなどが設置されて、鉱石や機材の運搬に利用された。

②**疎水坑道**　谷口銀山の新大切坑の内部で、左下に排水用の溝が掘られている

③**たぬき掘り坑道**　生野銀山に残るもの。等身大の坑夫の人形が置かれている

玖珂鉱山

超古代文明に包まれた不思議な空間で洞窟探検が楽しめる

Data

【所在地】山口県岩国市
【施設】地底王国美川ムーバレー　050-3187-8619
【営業・見学】10時～16時（定休日：火曜・水曜）／入場料（個人）：大人2200円
【主な産出物】タングステン・銅など
【操業・歴史】嘉永年間（1848～1854年）～平成5（1993）年

国内有数のタングステン鉱山

山口県東部にある岩国市は日本三名橋、錦帯橋で有名な町だ。この橋がかかる錦川上流の山間部、美川地区は銅、タングステン、マンガンなどの鉱物資源が豊かな地域であった。中でもレアメタルの一種、タングステンは国内最大級の埋蔵量を誇っていた。この金属は主に合金の原料に用いられるが、金や銅などの主要な金属と比べると産出量が少なく、鉱山数も限られていた。

美川地区にはスカルン型のタングステン鉱床が密集しており、全部で15か所ほどの鉱山が存在。玖珂、喜和田、藤ヶ谷の3鉱山が中心となってタングステンが生産され、国内生産量の多くを占めていた。今ではすべて閉山してしまったが、玖珂鉱山のみが観光施設としてよみがえっている。3つの鉱山の中では最大の規模で、わが国を代表するタングステンの鉱山だった。

①美川ムーバレー全景　正面が選鉱場の跡で、コンクリート製の基礎の一部が残る。ひな壇状に積まれた石垣は観光施設ができる際に組まれたもの

②**坑道内につくられた神殿**　ほかの観光坑道とひと味違う、異色の空間が美川ムーバレーの特色

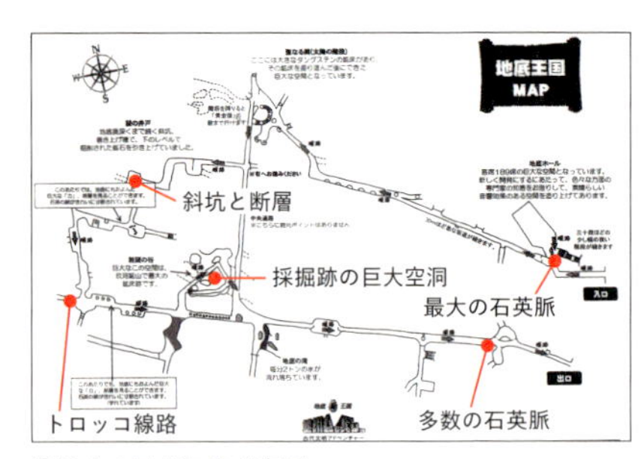

③**坑内の見どころ分布図**
（美川ムーバレー発行のパンフレットに加筆）

玖珂鉱山跡は市西部の美川町根笠にあり、錦帯橋から自動車でおよそ40分かかる。閉山した後に坑道が再利用されて、平成8（1996）年に地底王国美川ムーバレーがオープン（①）。超古代文明をモチーフとした謎解き冒険が楽しめるテーマパークとして運営されており、ほかの観光鉱山とはかなり雰囲気が異なる。一見すると鉱山色を徹底的に消されているのが特徴だが、よく見れば形跡がしっかり残っている。地底探検を楽しもう。

鉱山の痕跡を探してみよう

根笠川の両岸に鉱山施設があり、かつて左岸に坑道と選鉱場、右岸には鉱山事務所と社宅が存在したが、閉山後に跡地全体がテーマパークへ改装された。右岸側には観光施設のセンターハウスが建てられたため跡形もないが、対岸には選鉱場の基礎および作業小屋の一部が残されている。

選鉱場の上にある115m坑が、現在見学できる坑道だ。内部が超古代文明をテーマとした地底空間に改造され、神殿や石造、オーパーツなどが設置されている（②）。鉱山に関する展示はまったくないが、実は巨大な採掘跡、斜坑およびトロッコ線路の3つが鉱山時代の主な遺物として残っている（③）。

最大の見どころが「無限の谷」と名付けられた巨大な採掘跡（④）。高さ30mにも達する超巨大空間が広がっており、観光坑道の中では最大級の大きさだろう。またここでは、残柱と呼ばれる採掘されずに残された鉱体を見ることができ

④**採掘跡の巨大空間**　本鉱山最大のスカルン鉱体を掘り抜いた超巨大な空洞であり、一番の見どころ

⑤**残柱**　保安のために、鉱体の一部が柱状に残されている

⑥**斜坑**　下位レベルの鉱石をケーブルカーで115ｍ坑へ巻き上げるために掘られた、斜めの坑道

る（⑤）。

「謎の井戸」がかつての斜坑の跡で、中をのぞくと斜めの坑道が下に向かって続いている（⑥）。線路の付いた斜坑を上から眺めることができる場所は、ここだけだ。また、115ｍ坑内にはかつてトロッコが走り、線路が張りめぐらされていた。「風の回廊」には当時の線路と枕木が見事に残っている（⑦）。

断層と鉱脈が坑道内で観察できる

玖珂鉱山では灰重石（かいじゅうせき）をタングステン鉱石として採掘していた。タングステン酸とカルシウムから構成される鉱物で、肉眼ではベージュ色の塊に見える（⑧）。これに紫外線を当てると青白く蛍光を発するのが最大の特徴で、鉱物マニアの間でも人気が高い。残念ながら坑道内では灰重石を見つけることはできないが、代わ

⑧**タングステン鉱石**　売店に保存されているもので、灰重石を主体とする高品位な鉱石

⑦**トロッコ線路**　この部分のみ枕木のある線路が残り、柵の奥へも長く続いている

⑨**断層**　石英脈が縦長に走る断層により切断されている様子が見られる

りに断層と鉱脈を観察できる。

断層は岩盤に食い違いが生じたもので、岩盤に力が加わることで発生する。坑道内には鉱脈を切断する断層の観察ポイントが数か所あり、特に斜坑（謎の井戸）のすぐ近くにあるものが最もわかりやすい（⑨）。断層は日本列島ならどこにでもあるが、坑道内部でこのようなきれいな断層を観察できる観光鉱山は、ほとんどない。

⑩石英脈　見学できる範囲の中では最大の大きさを誇る

坑道内の各所で、白い石英から構成される鉱脈が観察できる。この石英脈はタングステン鉱床とともに形成されたものだ。最大の大きさのものが入口近くの地底ホールの脇にあり（⑩）、幅が50cm以上もある見事な鉱脈だ。

鉱床・鉱物　タングステンと銅を主体とするスカルン型鉱床

鉱山周辺の地質は中生代三畳紀の泥岩、チャート、砂岩、石灰岩から構成されている。鉱床は石灰岩が交代作用を受けて形成されたスカルン型鉱床だ。タングステンと銅を主体として、錫、亜鉛、硫化鉄がともなわれる。スカルンのほかに石英脈を主体とする鉱脈が一部に存在する。

本鉱山では100個以上に達する大小さまざまなスカルン鉱体が確認されている。この鉱体を構成する鉱物は灰重石、黄銅鉱、磁硫鉄鉱、硫砒鉄鉱、柘榴石、灰鉄輝石、方解石、石英。このうち灰重石と黄銅鉱が主な鉱石鉱物として採掘された。

歴　史　昭和戦後の時代に長期間にわたって繁栄

玖珂鉱山の発見は天正年間（1573～1592年）といわれる。江戸末期の嘉永年間（1848～1854年）には、長州藩主の毛利氏により銅と錫が採掘された。明治39（1906）年に田中鉱業の所有となり、同43（1910）年頃まで銅鉱の生産が行われた。

明治44(1911)年に灰重石が発見され、タングステン鉱の生産が開始された。大正3年(1914)年、第一次世界大戦の勃発にともないタングステンの需要が増大したため、採掘が盛期になった。大正6（1917）年にはタングステン精鉱の生産量が日本一に輝いたが、大戦終結にともなう需要と価格の低下により大正10（1921）年に休山した。

太平洋戦争開戦とともに昭和16（1941）年に再開されたが、同20（1945）年の終戦により再び休山。昭和28（1953）年に操業が再開され、次第に設備も増強されて銅、硫化鉄、亜鉛、錫が回収されるようになった。昭和40～50年代にかけて全盛期を迎え、昭和58（1983）年には玖珂鉱山一帯の産出量がタングステンの国内生産量の約40%を占めた。しかし急激な円高や鉱石価格の低下により、平成5（1993）年に閉山した。

龕附天正金鉱（がんつきてんしょう）

市指定史跡

伊豆半島ジオパーク

山の神をまつる「龕」をもつ古い坑道と金鉱脈の採掘が楽しめる

Data

【所在地】静岡県伊豆市
【施設】龕附天正金鉱　0558-98-1258
【営業・見学】8時～17時（不定休）／入場料（個人）：大人800円
【主な産出物】金・銀
【操業・歴史】天正5（1577）年～慶長年間（1596～1615年）

坑道内に龕がつくられた唯一の鉱山跡

伊豆半島のほぼ中央にある伊豆市には金鉱床が点在しており、かつて10か所以上の金山が存在した。昭和の終わり頃まで採掘が続いていたが、今ではすべて閉山している。

市内には見学できる金山跡が2か所あり、その1つが龕附天正金鉱だ（①）。発掘調査に携わった考古学者、軽部慈恩教授により命名された、伊豆最古級の金山跡である。安土桃山時代から江戸時代の初めにかけて、ここで金の採掘が行われた。

また、この地は昔から「釜屋敷」と呼ばれ、地名の通り鉱石の精錬も行われた。敷地内ではこの当時の炉跡が発掘されている（②）。

この金山は、すぐ北に隣接する土肥金山と比べるとかなり小規模だが、ほかの鉱山にはない2つの特色がある。1つは坑道の終点に山の神様をまつった「龕（がん）」

①龕附天正金鉱全景　正面の2階建ての建物が受付で、左手に金鉱脈の採掘体験ができる坑道がある

②精錬所の炉跡　慶長9（1604）年に発生した慶長地震よりも古い遺構と推定されている（写真提供：鼈附天正金鉱）

③柿木間歩　この地域に現存する坑道の中では最も古く、その行き止まりにはめずらしい「龕」がつくられている

がつくられていること。もう1つは、金鉱脈の採掘体験ができることだ。両者とも、全国でここにしかない貴重なものだ。

近世以前の採掘技術が見られる柿木間歩

柿木（かきのき）間歩は当時の掘削技術がそのまま残されている手掘りの坑道で、駐車場から少し山を登った先にある（③）。この周辺に存在した山柿の大木にちなんで名付けられたといわれ、内部を約60m見学することができる。また、鉱脈が地表に露出したところから堀り進められたため、入口付近は溝のような形になっている。

中に入ると人間がやっと1人通れるくらいの狭い通路になり、天井もかろうじて立って歩けるほどの高さだ。間もなく斜めに下る斜坑となり、階段を降りていく。途中の壁面には赤玉石（ジャスパー）が見られ、天井には上に向かって換気用の立坑が掘られている（④）。底に着くときれいな四角に掘られた坑道へと変わり、鑿で削られた無数の跡が目立つ。

出口に続く分岐を過ぎると天井に切り上がりで採掘された跡が残り、幅数cmの石英脈が複数見られる（⑤）。この脈は坑道の進行方向に続いており、鉱脈を追って掘り進められた鏈押し坑道であるとわかる（⑥）。ほどなくして終点に到着すると、アーチ状に掘り込まれた「龕」の中に山

④天井に延びる立坑　換気を目的に掘られた立坑で、いわゆる煙鋪（けむりしき）だ。地表と貫通しており、高さは約23m

⑤切り上がり採掘跡に残る鉱脈　金鉱脈を上向きに採掘した跡であり、掘り残された鉱脈を観察できる

⑥**鏈押し坑道**　鉱脈に沿って坑道が掘られており、その終点に「竈」がある

⑦**著者が採取した金鉱石**　白い石英脈が横切っており、空隙には微細な水晶が見られる

の神様がまつられている。帰りは安全のため、近代に掘られた穴を通って地上に出る。壁面を見ると、近世以前の坑道とは掘り方が異なることがわかるだろう。

金鉱脈の採掘を穴の中で体験できる

受付の建物のすぐ左脇に天正金鉱と書かれた目立つ坑口があり（①）、この坑道の中で金鉱脈の採掘が実際に体験できる。中に入ると長さ約5mで行き止まりになっており、岩盤が露出している。岩盤をよく見ると幅数cmほどの石英脈が横切っていて、備え付けられている鏨とハンマーを使って自分で取り出す。

やってみると思った以上に岩盤が硬く、なかなか割れないが、粘り強くハンマーをたたき続けるとなんとか金鉱脈が取り出せる。この脈はすべて白い石英からなり、黄鉄鉱などほかの金属鉱物が含まれていないのが特徴だ（⑦）。手掘りによる採掘はいかにたいへんな作業であったかを感じることができる、貴重な場所である。

鉱床・鉱物　白い石英脈からなる金鉱床

鉱山周辺の地質は新第三紀中新世の安山岩および凝灰岩から構成されている。金鉱床はこれらの岩石の割れ目を埋めて生成した鉱脈型鉱床である。鉱脈は数～10cmほどの白い石英脈からなり、柿木間歩で実際に観察することができる。この中に肉眼では確認できないほどの微細な金が含まれていたとされる。

歴　史　江戸時代初めに栄えた金山

竈附天正金鉱は戦国大名、後北条氏の支配のもと、家臣の富永氏により天正5（1577）年に開発されたと伝わる。天正18（1590）年の小田原征伐後は徳川家康の領地となり、彦坂元成を伊豆代官兼金山奉行に命じて運営に当たらせたが、実績は乏しかった。

慶長11（1606）年に大久保長安がこれに任命されると盛んに採掘されるようになり、翌慶長12（1607）年に最盛期を迎えた。しかし、坑道の長さが三十三間（約60m）に達し、当時はこれ以上掘ると危険になると恐れたため、竈がつくられて閉山になった。

鉄道・トロッコ

鉱山では、鉱石や資材などの輸送に鉄道車両が大いに活躍した。地下の坑道にはトロッコのレールが張りめぐらされ、地上にも線路が敷かれて「鉱山鉄道」として近隣都市と結ばれていた。この章では、鉄道が見どころとなる3か所の鉱山跡を訪ねる。ディーゼル機関車や客車、トロッコなどさまざまなめずらしい車両の展示を目にすることができるほか、実際に動く状態で保存されたものもあるので、乗車体験日を狙って行くのがおすすめだ。

柵原鉱山

やなはら

希少な鉄道車両とレトロな鉱山町の再現ジオラマ

Data

【所在地】岡山県久米郡美咲町
【施設】柵原ふれあい鉱山公園／柵原鉱山資料館
0868-62-7155
【営業・見学】9時～17時（月曜日休館）／入場料（個人）：大人520円
【主な産出物】硫化鉄鉱
【操業・歴史】明治17（1884）～平成3（1991）年

日本最大の硫化鉄鉱床

黄鉄鉱は鉄と硫黄が結合してできた硫化鉱物の一種だ。金色に美しく輝く立方体の結晶を作るため、鉱物マニアの間では人気が高い。容易に生成されやすい鉱物で、おおよそすべての金属鉱床から産出している。

黄鉄鉱が多量に濃集すると「硫化鉄鉱」として採掘され、硫酸や鉄の原料になった。硫化鉄鉱を主体とする鉱山は国内に多く存在し、中でも最大の規模を誇った鉱床が岡山県美咲町にあった柵原鉱山だ

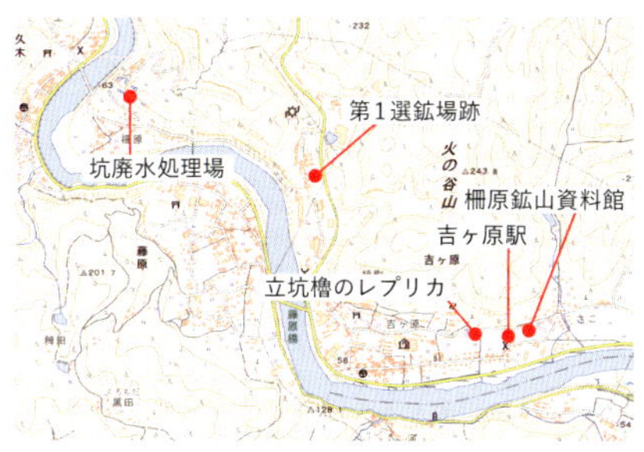

①**見どころ分布図**（地理院地図（電子国土Web）を基に作成、2.5万分の1地形図「柵原」に対応）

②**柵原鉱山跡**　採鉱の中心部だった場所。対岸の県道から、坑廃水処理場と山の中腹にある露天掘り跡が眺められる

③吉ヶ原駅　駅舎、線路、ホームなどがそのまま保存されている。奥の赤い気動車がキハ702、手前の青い客車がホハフ3002

④キハ303　昭和9（1934）年に「川崎車両」で製造され、昭和27（1952）年から片上鉄道で使用された

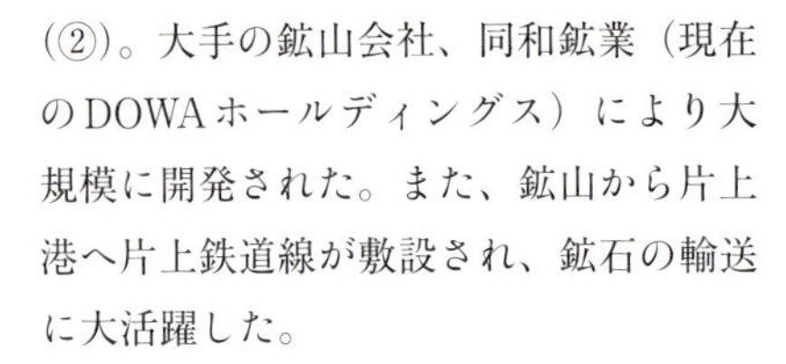

（②）。大手の鉱山会社、同和鉱業（現在のDOWAホールディングス）により大規模に開発された。また、鉱山から片上港へ片上鉄道線が敷設され、鉱石の輸送に大活躍した。

閉山後、片上鉄道線は廃止されたが、旧吉ヶ原駅を再利用して柵原ふれあい鉱山公園がつくられた。園内には柵原鉱山資料館、吉ヶ原駅舎、片上鉄道の保存車両、立坑櫓のレプリカなどがある（①）。園外では、道路から選鉱場跡の廃墟や排水処理施設などを眺めることもできる。中でも一番の見学スポット、片上鉄道に関するものを中心に柵原鉱山跡を紹介する。

鉱山の中と外で活躍した鉄道車両を見学できる

片上鉄道線は柵原駅と岡山県備前市の片上駅を結んだ非電化の鉄道路線で、昭和6（1931）年に全通した。鉱石輸送のほか沿線住民の旅客営業にも使われていたが、鉱山の閉山とともに平成3（1991）年に廃止。柵原ふれあい鉱山公園には吉ヶ原駅舎、全長約600mの線路および車両がセットで保存されている（③）。

公園内にはディーゼル機関車1両（DD13-551）、気動車3両（キハ303、キハ312、キハ702）、客車3両（ホハフ2003、ホハフ2004、ホハフ3002）、貨車3両（トラ814、トラ840、ワム1807）が動く状態で保存されている。特に貴重な車両がキハ303（④）とキハ702だ（③）。両者とも約90年前に製造されたものだが、走行可能な状態になっている。

動かないままで展示されている車両は貨車2両（トム519、ワフ102）と鉱山内で使われた電気機関車、蓄電池機関車、ローダー、トロッコなどである。無蓋車

⑤保存されている貨車　奥からトラ814、ワム1807、トラ840の順に連結している。トラ814、840はともに18tの鉱石を積載できた

⑥5t電気機関車　三菱電機製の機関車で、軌間508mmの鉱山内鉄道で使用された

⑦第1選鉱場跡　道路脇にコンクリートの巨大な廃墟が残り、下の部分が積み込み場の跡。奥に見える建物が第2選鉱場で、今も工場として現役

と呼ばれる屋根のない貨車が鉱石の輸送に使用され（⑤）、当初は蒸気機関車、のちにディーゼル機関車が牽引した。鉱山内ではナローゲージの線路が敷かれ、トロッコが鉱石輸送の主役であった（⑥）。

鉱山の見どころは第1選鉱場跡の廃墟

吉井川沿いの吉ヶ原から久木にかけて鉱山町が形成され、社宅を中心に鉱山事務所、選鉱場、学校、病院などさまざまな建物が立ち並んでいた。閉山後、これらの大部分が解体されてしまったが、一部の社宅と鉱山施設は残り、現在も使われている。

採鉱や選鉱が行われたエリアはDOWAホールディングス関連会社の敷地内のため入れないが、道路から第1選鉱場跡の巨大な廃墟を眺めることができる（⑦）。ここで鉱石の選別や、貨車への積み込み作業が行われていた。

鉱山のシンボル、立坑櫓は4基存在したが、すべて解体されてしまった。藤原人材立坑櫓のみ公園内にレプリカがつくられており、巨大な滑車、ヘッドシーブが保存されている（⑧）。

採掘現場や鉱山町が再現された展示資料

柵原鉱山資料館では、1階と地下1階に分かれて鉱山に関するさまざまな資料が展示されている。1階は鉱山町の暮らしと柵原の歴史に関する展示が主体。面白いのは昭和30年代の鉱山町を復元したコーナーだ（⑨）。社宅、バー、供給所などが実物大で復元されており、当時

⑧藤原人材立坑櫓のレプリカ　ヘッドシーブ（大型滑車）保存を目的に1/2の大きさ（高さ12m）でつくられた

⑨鉱山町の再現コーナー　手前の供給所は売店。奥にある建物が社宅で、内部の様子も再現されている

⑩地下の採掘現場も再現　切羽（坑道の掘削面）でのローダーを使った鉱石の積み込み作業を再現している

のにぎわいを体験できる。

地下は鉱石、さく岩機や保安帽、坑道模型など採掘に関する展示。立坑を模したエレベーターを降りると実物大の坑道がつくられており、採掘の様子が再現されている（⑩）。ここでも、蓄電池機関車やグランビー鉱車などの坑内で使われた車両を見ることができる。

鉱床・鉱物　黄鉄鉱の塊からなる塊状鉱床

柵原鉱山周辺の地質は古生代ペルム紀の堆積岩（砂岩、泥岩、凝灰岩）および火成岩（ドレライト、閃緑岩）から構成され、これらの地層の周囲に白亜紀の流紋岩、石英閃緑岩などが貫入している。鉱床は凝灰岩および泥岩の中に挟まれた塊状硫化物鉱床である。

鉱石は塊状の黄鉄鉱を主体としており、少量の磁硫鉄鉱、黄銅鉱、閃亜鉛鉱をともなう。また鉱床の一部は石英閃緑岩の貫入による接触変成作用を受けており、この部分では磁硫鉄鉱や磁鉄鉱が生成している。硫化鉄鉱の生産量は国内第1位の2570万tに達した。

歴　史　化学肥料の原料として昭和戦後に大繁栄

柵原鉱山は、慶長年間（1596 ～ 1615年）に森忠政が津山城を築くための石材を収集している際、褐鉄鉱化した露頭を発見したのが始まりと伝わる。明治15（1882）年に硫化鉄鉱が発見され、翌々 17（1884）年から採掘が開始された。

大正5（1916）年に藤田組（現在のDOWAホールディングス）が鉱区を買収し、大正9（1920）年から本格的な採掘を開始した。硫酸需要の拡大とともに生産量は次第に増加し、昭和6(1931)年には片上鉄道線が全線開通した。昭和11（1936）年には戦前最高の生産高に達したが、戦局の悪化で生産力が著しく減少した。

戦後、化学肥料の原料としての需要が高まったため、生産量を急速に回復させることに成功。昭和30年代から40年代半ばにかけて全盛期を迎えた。しかし昭和46（1971）年から硫化鉄鉱の需要が低下したため、生産規模が急激に縮小した。さらに昭和60（1985）年からの急激な円高も経営悪化に追い打ちをかけ、平成3（1991）年3月に閉山した。

尾小屋鉱山（おごや）

日本遺産

トロッコ列車とカラミレンガの町を楽しむ北陸最大の銅山跡

Data

【所在地】 石川県小松市
【施設】 尾小屋鉱山資料館　0761-67-1122
【営業・見学】 9時～17時（休館日：毎週水曜日、祝日の翌日、12/1～3/24）／入場料：大人500円
【主な産出物】 銅、鉛、亜鉛
【操業・歴史】 天和2（1682）年～昭和37（1962）年

北陸地方で最大規模を誇った銅鉱山

北陸3県（富山県、石川県、福井県）には金、銀、銅、鉛、亜鉛など地下資源が点在しており、古くから採掘が行われてきた。その中心部に位置する石川県小松市は、鉱物資源に最も恵まれた北陸地方最大の鉱山地帯であった。

小松市内にはかつて約20か所の鉱山が存在し、世界的な建設機械メーカー、コマツとゆかりのある鉱山もあった。これらの中で最大規模を誇ったのが尾小屋鉱山。加賀藩の元家老の横山氏により経営され、北陸のみならず国内有数の銅山として栄え、大正時代には銅の生産量が全国第8位に輝いた。

尾小屋鉱山跡は小松市南部の山間部、尾小屋町にある。現在は約20人の住民が暮らす小さな集落だが、最盛期には約3000人が暮らすにぎやかな鉱山町が形成されていた。かつて市の中心部と尾小屋町との間は鉱山鉄道（尾小屋鉄道）で結

①**尾小屋鉱山資料館全景**　カラミレンガの擁壁の上に資料館が建てられている

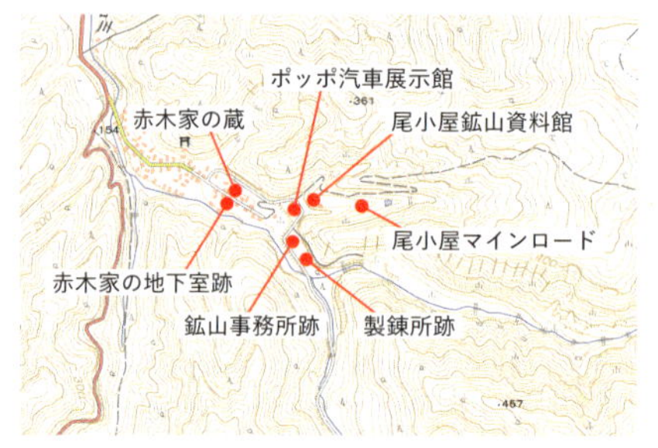

②見どころ分布図（地理院地図（電子国土Web）を基に作成、2.5万分の1地形図「尾小屋」に対応）

③ポッポ汽車展示館　左から順に気動車、客車、蒸気機関車が展示されている

ばれており、電気も鉄道とほぼ同時期に通じたとされる。

閉山した後、鉱山施設のほぼすべてが撤去されて鉄道も廃止されたが、鉱山の歴史と文化を後世に伝えるため昭和59（1984）年に尾小屋鉱山資料館が開館した（①）。この資料館を中心に、坑道、鉄道車両、鉱石や鉱山道具等の展示資料、カラミでつくられた鉱山町跡を見学することができる（②）。最大の見どころである鉄道車両の見学と乗車体験を楽しみながら、カラミレンガに覆われた尾小屋鉱山跡を歩いてみよう。

乗車体験ができる イベント開催時が狙い目

尾小屋鉄道は新小松駅と尾小屋駅を結んだ全長16.8kmの軽便鉄道で、大正9（1920）年に全線開通した。粗銅や鉱石、物資などの輸送に加えて住民の足としても使われていた。閉山後もしばらく営業は続いていたが、沿線人口の急速な減少により赤字路線となり、昭和52（1977）年に廃線となった。

尾小屋鉱山資料館に併設されたポッポ汽車展示館には、蒸気機関車（5号機関車）、気動車（キハ3）、客車（ハフ1）の3両が保存されている（③）。内部の見学も常時可能で、気動車や客車の車内ではロングシートに座ることもできる。よその鉱山で活躍した蓄電池機関車や木製鉱車も保存されているが、普段はシートで覆われている。これらの車両を整備しているのは「なつかしの尾小屋鉄道を守る会」だ。

目玉となる車両はキハ3で、この型式の気動車で現存する唯一のものだ（④）。しかもエンジンが修復され、走行が可能な状態になっている。5月からおおむね月1回行われる尾小屋鉱山イベントデー

④キハ3　昭和29（1954）年に製造された気動車で、昭和39（1964）年に尾小屋鉄道に導入された

⑤**尾小屋鉱山電車の線路**　イベント開催時にはこの線路の上をトロッコ列車が走る。奥でシートに覆われているものが機関車と鉱車

⑥**六角柱のカラミレンガ**　亀甲カラミとも呼ばれ、尾小屋鉱山独自のもの（尾小屋鉱山資料館所蔵の展示物）

の開催時のみ公開運転が行われ、車庫から出たり入ったりする動作を眺めたり、実際に乗ったりすることもできる。

また、イベント開催時のみ「尾小屋鉱山電車」という名称でトロッコ列車が運行されている（⑤）。ポッポ汽車展示館の周囲には軌間430mm、全長約100mの線路が敷かれ、蓄電池機関車に牽引された箱型の鉱車に乗ることができる。こんな体験を味わえる鉱山跡はここだけなので、鉄道好きはイベントの日を狙って行くのがおすすめだ。

めずらしいカラミレンガでつくられた鉱山町の遺構

銅鉱石を製錬して銅を取り出す際に、カラミ（鍰）と呼ばれる残りカスが発生する。通常は水砕スラグとして再利用されるが、明治時代後期にはレンガとして加工され、建築物等に使われていた。尾小屋においても同様に利用されたが、注目すべきは六角柱状のカラミレンガを製造していたことだ（⑥）。このタイプのものは尾小屋鉱山が全国唯一の使用例であった。

尾小屋の鉱山町は、鉱山資料館のすぐ手前から郷谷川に沿って広がっていた。かつて650軒余りが密集していたが、今では数軒が残るのみとなっている。集落内にはカラミレンガでつくられた擁壁、土留め、建物の基礎や壁などの遺構が至

⑦**カラミレンガの擁壁**　道路脇の擁壁が六角柱のカラミレンガを積んでつくられている

⑧**赤木家の蔵**　長方形のカラミレンガで建てられたたいへん貴重な蔵

⑨赤木家の地下室跡　地下室の周囲の壁が六角柱のカラミレンガで作られていた

⑩尾小屋マインロードの出入り口　普段は徒歩で内部に進むが、イベント開催時のみトロッコに乗車して入れる

るところに残されており、道路から見学できる（⑦）。カラミレンガだらけの鉱山街として、全国的にもたいへんめずらしい場所だ。尾小屋鉱山イベントデーの際には「カラミの街保存会」の案内で尾小屋の街めぐりを楽しめる。

最大の見どころは「赤木家の蔵」だ（⑧）。建物全体がカラミレンガで建てられている、このような蔵を見られる場所はここだけだろう。赤木家は当地で商店を営んでいて、道路の対岸にはその倉庫として使われた地下室跡も残る（⑨）。崩れてしまっているが、六角形のカラミレンガを観察することができる。

トロッコに乗って入れる坑道

総延長160kmにもおよぶ坑道の約600mが展示施設に改造されて、尾小屋マイ

⑪坑内の様子　三つ留または合掌枠と呼ばれる方法で坑木が組まれている

⑫**作業風景の再現ジオラマ**　さく岩機によるさく孔とローダーによる鉱石の積み込み作業が再現されている

⑬**蓄電池機関車とトロッコ**　「なつかしの尾小屋鉄道を守る会」により外観が修復されている

ンロードとして開館している。鉱山歴史ゾーンと近代鉱山ゾーンの2部構成だが、2024年現在は後者のみが公開されており、その長さは約200mだ。かつての入口は閉鎖され、当時の出口が現在の出入り口として利用されている（⑩）。

坑道は一直線に掘られており、入口に近いほうは坑木がきれいに組まれている（⑪）。奥のほうではむき出しの岩盤を眺めることができ、坑内休憩所（見張り場）およびボーリング、さく孔や積み込み、装薬、スラッシング作業が等身大のジオラマで再現されている（⑫）。かつては蓄電池機関車と鉱車も置かれていたが、外へ運び出されて修復され、現在は鉱山資料館の駐車場に保存されている（⑬）。

1番の目玉となる催しが、坑道内でのトロッコ列車の運行だ。「なつかしの尾小屋鉄道を守る会」により令和5（2023）年に坑内に延長120mの線路が敷設され、同年6月のイベントから運行が開始された。尾小屋鉱山イベントデー開催日のみに限られるが、鉱車に乗って坑道へ入れるたいへん貴重な体験を味わえる。

尾小屋鉱山のすべてが学べる充実した資料館

尾小屋鉱山資料館には、地質、鉱床、採鉱、選鉱、製錬、輸送、歴史など本鉱山に関するあらゆる資料が展示されている。主な収蔵品として鉱石（鉱物標本）、操業当時の写真、明治～大正時代の古文書、さく岩機やカンテラなどの鉱山道具、坑道模型、粗銅やカラミレンガなどがあり、地下の様子を再現した模擬坑道もつくられている。豊富な数の展示資料に加えてパネルによる解説もわかりやすいため、尾小屋鉱山のことを詳しく知ることができる。

おすすめは充実した鉱石の展示だ（⑭）。尾小屋鉱山産を中心に、周辺鉱山

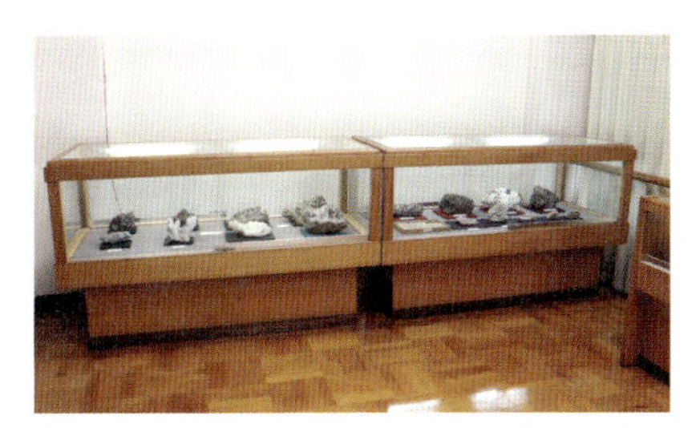

⑭**鉱石展示**　ガラスケースに尾小屋鉱山産出の1級品の鉱物標本が並べられている

⑮**黄鉄鉱**　尾小屋鉱山の主要な鉱石の1つで、金色の立方体の結晶が特徴。ラベルの表記（黄銅鉱）は誤り

⑯**紫水晶**　紫色を帯びた6角錐状結晶の集合体からなり、長さは10cm以上に達する

産出のものまで陳列されている。黄銅鉱、黄鉄鉱、閃亜鉛鉱、方鉛鉱、水晶、重晶石、方解石などさまざまな種類の鉱物を目にすることができる。しかも見栄えの良い素晴らしい標本ばかり。特に、本鉱山から産出した黄鉄鉱(⑮)や紫水晶(⑯)が美しい。

鉱床・鉱物　美しい水晶をともなう銅が主体の鉱脈型鉱床

尾小屋鉱山周辺の地質は、新第三紀中新世の堆積岩（凝灰岩、頁岩、砂岩）と火山岩（安山岩、デイサイト）から構成されている。鉱床は主として凝灰岩の割れ目を埋めて生成した鉱脈型鉱床であり、銅を主体として亜鉛、鉛が含まれる。鉱脈の数は東西4km、南北4kmの範囲内で約100か所に達した。

鉱石鉱物は黄銅鉱、黄鉄鉱、閃亜鉛鉱、方鉛鉱から構成される。脈石鉱物は石英を主体として方解石、重晶石、緑泥石がともなわれる。また、鉱脈の空隙にはガマと呼ばれる空洞が発達し、この中からきれいな水晶がしばしば発見された。地表近くの酸化帯には自然銅、輝銅鉱、赤銅鉱、藍銅鉱などの2次鉱物が産出した。

歴　史　横山鉱業部と日本鉱業の経営により大繁栄

尾小屋鉱山の具体的な発見年代は明らかになっていないが、江戸時代の天和2（1682）年にはすでに採掘が行われたと伝わる。明治11 (1878) 年に銅鉱の露頭が発見され、翌々13 (1880) 年から採掘が開始された。加賀藩の元家老、横山隆平も経営に加わり、明治15（1882）年から単独所有となった。

横山氏は本格的な鉱山経営を行い、近代的な設備を導入した結果、産銅量も次第に増大していった。明治37（1904）年には横山鉱業部が設立され、事業も順調に進んでいった。明治43（1910）年には銅の生産量が全国第8位に達し、国内有数の銅山へと発展した。大正時代初期にかけて大いに繁栄したが、大正9（1920）年より経営環境が悪化し、昭和初期には破産寸前へと陥った。

昭和6（1931）年、鉱業権が宮川鉱業へ売却され、まもなく日本鉱業の手に移った。以降は同社の大がかりな経営により生産量が回復し、再び栄えるようになった。太平洋戦争中の強制的な増産や終戦直後の操業休止などもあったが、昭和30（1955）年前後に全盛期を迎え、生産量もピークを迎えた。しかし鉱石の枯渇や貿易自由化などの影響により経営が苦しくなったため、昭和37（1962）年に閉山した。

小坂鉱山

近代化産業遺産

鉱山鉄道と洋風建築が味わえる日本一の黒鉱鉱山

日本最大の黒鉱型鉱床

わが国では、黒鉱と呼ばれる独特な鉱石が東北地方を中心に採掘されていた。銅、鉛、亜鉛を主成分とする緻密な塊状の鉱石で、名前の通り真っ黒い外観だ(②)。ほかにも金や銀に加えて、ガリウム、ビスマス、アンチモンなどのレアメタルも含まれる。

黒鉱を主体とする鉱床は「黒鉱型鉱床」と呼ばれ、およそ1500万年前の新第三紀中新世の地層中に存在する。秋田県北東部の北鹿地域は黒鉱型鉱床が最も密集するエリアとなっており、しかも国内最大級のものが複数存在するため、かつては国内有数の金属供給地になっていた。中でも最大の黒鉱型鉱床が、小坂町のほぼ中心部に存在した小坂鉱山だ。明治時

Data

【所在地】 秋田県鹿角郡小坂町
【施設】 小坂鉄道レールパーク　0186-25-8890、小坂鉱山事務所0186-29-5522、小坂町立総合博物館「郷土館」0186-29-4726
【営業・見学】「小坂鉄道レールパーク」4月1日～11月下旬（火・水曜は乗車体験休止）／9時～17時（最終入場16時30分）／入場料（個人）：大人600円 「小坂鉱山事務所」年末年始休館（12月29日～1月3日）／9時～17時（4月1日～10月30日)、9時～16時（11月1日～3月31日）／入場料（個人）：大人380円 「郷土館」9時～17時（月曜定休日、冬季休館12月20日～3月10日）／無料
【主な産出物】 金、銀、銅、鉛、亜鉛
【操業・歴史】 文久元年（1861）年～平成2（1990）年

①小坂鉱山事務所　小坂鉱山の総括事務所として明治38（1905）年に建てられた。本鉱山を代表する洋風建築物

②小坂鉱山産出の黒鉱　小坂鉱山事務所の受付付近に飾られたもの

③小坂鉄道レールパーク　小坂駅一帯の鉄道施設がそのまま保存されている

代には鉱産額が全国1位になるなど、日本を代表する巨大鉱山であった。

小坂鉱山の発展により、町自体が明治から大正時代にかけて近代的な鉱山都市へと成長した。採掘現場や製錬施設は小坂製錬という会社の敷地内にあるため入れないが、町の中心部には鉱山鉄道、明治時代の洋風建築物（①）および展示資料を見学できるスポットが数多く分布している。特におすすめの施設が小坂鉄道レールパークだ。鉄道めぐりを中心に、レトロな雰囲気に包まれた小坂鉱山を訪れてみよう。

ディーゼル機関車が目玉の鉄道体験施設

小坂鉄道（小坂製錬小坂線）は小坂駅と、隣接する大館市の奥羽本線大館駅を結んだ全長22.3kmの鉄道路線だ。鉱山専用鉄道として明治41（1908）年に開通し、鉱石、硫酸、資材などの物資と旅客の輸送に大活躍した（開業は明治42（1909）年）。閉山して4年後には貨物輸送のみとなり、平成21（2009）年に廃線になった。旧小坂駅は小坂鉄道レールパークとして平成26（2014）年に開園し、駅舎、機関車庫、線路、車両がセットで保存されている（③）。

パーク内には小坂鉄道で使用されたさまざまな車両が展示されていて、ディーゼル機関車（DD130形）、蒸気機関車、貴賓客車、気動車（キハ2100形）、貨車、ラッセル車など多岐にわたる。また、モーターカーに牽引された観光トロッコやレールバイクの乗車体験、寝台特急「あけぼの」に泊まれる体験なども楽しめる。

一番おすすめの車両は、3両のディーゼル機関車だ（④）。真紅の迫力ある姿を間近で見ることができ、1両のみ運転台の内部へも入れる。車庫内には小坂鉄道に関する展示資料もあり、普段は見る

④DD130形ディーゼル機関車　3両の機関車（DD131、DD132、DD133）が機関車庫に展示されている

⑤**大正時代の鉄道車両**　車両展示場に11号蒸気機関車とその後ろに貴賓客車が保存されている

⑥**康楽館**　従業員の厚生施設として明治43（1910）年に建設された。内部の見学も可能

ことができない機関車のディーゼルエンジンが目玉である。

また、大正時代に製造された貴重な車両が旧小坂鉄道11号蒸気機関車と貴賓客車（ハ1）だ（⑤）。秋田県の指定有形文化財に登録されており、昭和37（1962）年まで使用されていた。

小坂鉱山事務所を中心とする明治時代の洋風建築

町の中心部には明治時代のレトロな世界が広がる明治百年通りがあり、小坂鉱山事務所、康楽館、赤煉瓦倶楽部、天使館などの洋風建築物が数多く立ち並ぶ。これらは国重要文化財などに指定登録されて保存されている。

鉱山を代表するシンボル的な建物が小坂鉱山事務所だ（①）。秋田杉で建てられた木造3階建ての洋館で、ルネサンス風の豪壮華麗な姿が印象的である。館内は展示室となっており、小坂町や鉱山事務所の歴史などが紹介されている。

康楽館は鉱山事務所に次いで有名な建物で、外見が洋風、内部が純和風の和洋折衷で造られた劇場だ（⑥）。今も歌舞伎が公演されるなど、現役で活躍している。また、生産に関するもので見学できる遺構の1つが旧電錬場妻壁（⑦）。明治42（1909）年に建てられた電錬場の妻壁が移築されたものである。

⑦**旧電錬場妻壁**　電錬場（銅の電解精錬を行う工場）の妻壁の部分のみ、小坂鉱山事務所の脇に保存されている

小坂鉱山の採鉱や歴史を学べる郷土館

町立の総合博物館「郷土館」には、小坂鉱山に関する展示が数多くある。主な収蔵品は鉱石、古文書、採鉱道具、古写真、模型などで、屋外には旧止滝発電所で使用された発電機が置かれている。ここで鉱山の地質や採鉱・製錬、歴史まで一通り学ぶことができる。

小坂鉱山の元山鉱床は国内初の大規模

⑧露天掘りの再現模型　大正7（1918）年頃の元山鉱床での露天掘りによる作業風景を制作したもの

⑨黄銅鉱　内の岱鉱床産出のもので、四面体の結晶が見られる

な露天掘りで採鉱が行われた場所で、その様子を復元した模型も飾られている（⑧）。階段状の巨大な穴が地表に開けられ、その大きさは東西300m、南北750m、深さ150mに達した。また、本鉱山産出の良質な鉱石も陳列されており、大型の黒鉱標本や黄銅鉱の結晶などを眺めることができる（⑨）。

鉱床・鉱物　典型的な黒鉱型鉱床

小坂鉱山周辺の地質は新第三紀中新世の凝灰岩、デイサイト、玄武岩、泥岩などから構成され、第四紀の段丘堆積物に覆われている。鉱床はデイサイトおよび凝灰岩の地層の中に生成された黒鉱型鉱床であり、元山鉱床および内の岱鉱床の2大鉱床が存在する。前者は明治から昭和初期、後者は昭和戦後の時代に採掘された。

鉱床の下部から上部に向かって珪鉱、黄鉱、黒鉱、石膏の順に典型的な配列が形成されている。珪鉱は黄鉄鉱-黄銅鉱-石英、黄鉱は黄銅鉱-黄鉄鉱、黒鉱は閃亜鉛鉱-方鉛鉱-重晶石から構成される。地表付近では黒鉱が風化して土鉱と呼ばれる銀に富んだ鉱石が生じ、初期の頃には銀山として操業されていた。

歴史　黒鉱の製錬成功により日本一の鉱山へと発展

小坂鉱山は文久元（1861）年に発見され、明治2（1869）年から官営鉱山として本格的な経営が開始された。明治6（1873）年にドイツ人技師クルト・ネットーが着任し、最新の湿式製錬法が導入された。銀山として急速に成長し、明治14（1881）年には銀産出量が日本一となった。

明治17（1884）年に藤田組（現在のDOWAホールディングス）に払い下げられたが、ほどなくして閉山の危機を迎えた。久原房之助らの努力によって明治33（1900）年に黒鉱の自溶製錬に成功して以降は銅山へと発展し、明治40（1907）年には全国一位の鉱産額を記録した。明治末期から大正時代の初めにかけて大いに繁栄し、当時は日本三大銅山の1つといわれたものの、次第に産出量が低下し、しばらく継続したが昭和21（1946）年には採掘休止となった。

昭和34（1959）年に内の岱鉱床が発見され、採鉱が再開されて黒鉱ブームが発生した。昭和40年代に最盛期を迎え、年間約10万tの銅が産出されていた。しかし昭和50年代に入ると採算悪化により衰退に向かい、ついに平成2（1990）年に閉山した（製錬部門は稼働中）。

坑道内で使われた機関車

Column

坑道内における鉱石や人員、資材などの輸送にはレールが利用された。ナローゲージと称される軌間の狭い線路がアリの巣のように張りめぐらされ、ここを走る各種車両をけん引するために使用されたのが機関車だ。

①**蓄電池機関車**　左側が4t、右側が2tタイプ。明延鉱山の鉱山学習館の屋外に展示されたもの

機関車のタイプには、蓄電池機関車、電気機関車、内燃機関車の3種類がある。また、メーカーも日本車両製造（ニチユ）、日立製作所、三菱電機など多岐にわたっていた。観光施設となった鉱山跡の多くで、さまざまなタイプの機関車が展示されている。

蓄電池機関車は、主力の機関車として最も多く使用されていた（①）。バッテリーを動力源にしており、架線を必要とせず排気も問題にならないため、坑道内でのけん引車として大いに活躍した。バッテリーロコ、またはバッテリーカーとも呼ばれる。また、重量に応じて2t、4t、8tなどさまざまなタイプがある。中でも2tタイプが一番多く使われ、展示台数も圧倒的に多い。

電気機関車は蓄電池タイプよりも大型で、けん引能力も上回っていた（②）。坑道の天井に架線を引いて、主として通洞坑などの基幹坑道で使用された。集電装置にはトロリーポール式、パンダグラフ式の2つがあり、前者は小坂鉱山、足尾鉱山、尾去沢鉱山など、後者は釜石鉱山、明延鉱山、柵原鉱山などで活躍した。

内燃機関車は、ディーゼルまたはガソリンで動く機関車だ（③）。当初はガソリンが主体だったが、のちにディーゼルへと移行した。動かすと排気ガスが発生するため、蓄電池や電気機関車と比べると坑道内での使用は少なく、そのため展示車両も限られている。

②**電気機関車**　釜石鉱山の敷地内に展示されたもの

③**ガソリン機関車**　細倉マインパークの敷地内に展示されたもの

5

歴史遺産

鉱山で採掘された地下資源は、古くから財政を潤すとともに産業の発展に貢献してきた。多くの鉱山跡が歴史的な価値を有する遺産として評価され、世界文化遺産や国指定史跡などに登録されている。ここではその代表例として4か所を取り上げた。先人たちの努力と技術の痕跡が刻まれた遺構を見学しながら、日本の鉱山史をじっくりと味わってみよう。

石見（いわみ）銀山

世界文化遺産

日本遺産

近世と近代の鉱山遺構を味わえる日本で一番有名な銀山

日本で初めて世界遺産に認定された鉱山遺跡

銀はわが国を代表する金属鉱物資源で、古くから採掘が行われてきた。銀鉱床は全国各地にあり、銀単独よりもむしろ金、銅、鉛、亜鉛などと一緒に出てくる場合のほうが多く、副次的に採れるところも含めて、銀を産出した鉱山は1000か所以上に達した。現在も鹿児島

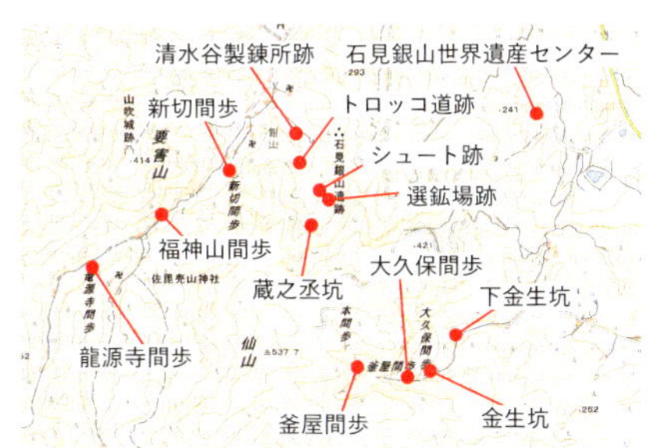

①**見どころ分布図**（地理院地図（電子国土Web）を基に作成、2.5万分の1地形図「仁万」に対応）

Data

【所在地】島根県大田市
【施設】石見銀山世界遺産センター　0854-89-0183
【営業・見学】「龍源寺間歩」9時～17時（3/1～11/30)、9時～16時（12/1～2/28）／定休日1/1／入場料：大人500円「大久保間歩」一般公開限定ツアー（3/1～11/30の金・土・日・祝日・GW・お盆期間）／入場料：大人4500円「石見銀山世界遺産センター」9時～17時（毎月最終火曜日・年末年始休館）／有料展示室観覧料：大人400円「いも代官ミュージアム」9時30分～17時（火曜日休館）／入館料：大人600円
【主な産出物】銀・銅
【操業・歴史】延慶2（1309)年～昭和18（1943)年

②**大森地区の町並み**　石見銀山を代表する観光名所で、江戸時代の町並みが保全されている

県の菱刈鉱山で、金の副産物として生産が続いている。

輸入に頼る令和の時代とは異なり、16世紀後半から17世紀初頭にかけて日本は世界屈指の産銀国であった。国内の銀生産量は全世界の3分の1に達し、この大部分を占めていた銀鉱山が島根県の石見銀山だ。当時は世界有数の規模で、佐渡金山や足尾銅山などとともに日本を代表する鉱山として知られている。

石見銀山跡は大田市南西部の大森地区にあり、その周辺には銀鉱石の輸送に使われた街道や港が整備されていた。全国でもめずらしく、銀生産から搬出に至るまでの全体像が残されている。さらに、自然環境に配慮した持続可能な鉱山運営を行っていたことや、世界経済に多大な影響を与えていたことが国際的に評価され、平成19（2007）年に鉱山遺跡では国内初の世界文化遺産「石見銀山遺跡とその文化的景観」に登録された。

大森地区には、銀山川に沿って江戸時代から続く鉱山町（大森の町並み）が保全されており、今も住民が暮らしている（②）。坑道などの採掘跡はこの町の南部、仙ノ山の周囲に広がり、その数は900か所以上にもおよぶ。ここでは大久保間歩および龍源寺間歩の2つの坑道を中心に、製錬所跡や選鉱場跡などの遺構や展示資料を見学することができる（①）。

圧巻の採掘跡を見学できる大久保間歩

仙ノ山周辺には無数の坑道跡が残るが、内部を見学できるのは大久保間歩と龍源寺間歩の2か所だ。おすすめは大久保間歩のほうで、石見銀山最大の見どころでもある。この坑道は最大級の大きさを誇り、福石と呼ばれる良質な銀鉱石が多く掘り出された。全長900mのうち約150mが、完全予約制のツアー形式で一般公開されている。

大久保間歩は仙ノ山東方の本谷地区にあり、入口にある原田駐車場から急な坂道を20分歩くと到着する。途中には下から順に本谷口番所跡、下金生坑、金生坑が見られ、特に金生坑は山を越えた反対側の蔵之丞坑とつながっている（③）。さらに登るとひときわ目立つ大きな坑口、大久保間歩が現れる（④）。ここに

③金生坑　大久保間歩より下位にある坑道で、排水を目的に明治時代に開さくされた

④大久保間歩　初代銀山奉行の大久保長安に由来する間歩で、福石鉱床を採掘するために江戸時代から大規模に開発された

⑤大久保間歩の内部　左側と天井が手掘り、右側が機械堀りで掘られており、床には枕木の一部が残されている

⑥坑内立坑　福石場にある立坑で、下位の金生坑まで垂直に続いている

は江戸時代の手掘りと明治時代の機械掘りの両方の跡が残り、採掘技術の変遷を伝える貴重な遺構となっている。

内部に入ると広々としており、大久保長安（後述）が馬で乗り入れたと伝えられる。坑道は四角に掘られていて、手掘りによる滑らかな部分と機械掘りによる荒く削られたところを目にすることができる（⑤）。また、明治時代には坑道内にトロッコ線路が敷かれ、今も一部に枕木が残されている。下のレベルにある金生坑とは、斜坑ないし立坑で貫通している（⑥）。

坑道内の最大の見せ場が、福石鉱床を掘り抜いた跡だ。入口から約100m進むとこの鉱床に突きあたり、鉱床に沿って

⑦鏈押し坑道　福石の鉱床に沿って掘り進められた坑道で、明治時代に拡張されたため高さが5mほどある

⑧福石場　福石鉱床を掘った坑内最大級の採掘跡で、石見銀山の最大の見どころ

⑨**龍源寺間歩**　入口には四ツ留と呼ばれる方法で、坑木がきれいに組まれている

鏈押し坑道が続いている。しかも明治時代に拡張されたため、縦長の空洞になっている（⑦）。さらに50mほど進むと見学エリアの終点となり、福石場と呼ばれる高さ20m、奥行き30m、横幅15mに達する超巨大な空洞が広がっている（⑧）。近世と近代の採掘技術が織りなす光景は圧巻だ。

たぬき掘りの坑道が
多数存在する龍源寺間歩

龍源寺間歩は石見銀山を代表する坑道の1つで、常時内部の見学ができる唯一の場所だ（⑨）。永久鉱床に含まれる銀鉱石を掘るために江戸時代中期に開発され、代官所直営の御直山として採掘された。大久保間歩に次ぐ大坑道で、総延長600mのうち、157mが一般に公開されている。

この龍源寺間歩は、大久保間歩から仙ノ山を越えた反対側の大谷地区にある。大森の町中にある石見銀山公園駐車場からは徒歩で約45分かかるが、銀山川に沿った町並みを散策しながらめぐることができる。途中にはさまざまな間歩が見られ、主なものとして新切間歩と福神山間歩がある。新切間歩は銀山川の対岸にあり、中をのぞくと水のたまった四角い坑道が奥まで続いている（⑩）。福神山間歩は道路のすぐ脇にあり、銀山川の地下を通って仙ノ山のほうへ掘り進められていた。

龍源寺間歩は横相（よこあい）と称される素掘りの立入坑道で、壁面には鏨の跡が無数に残されている（⑪）。坑道に沿って数多くの銀鉱脈にあたっており、採掘のための鏈押しの枝坑道（鏈追坑）が左右に展開されている（⑫）。たぬき掘りと呼ばれる小さな穴で、人がやっと入れるほどの大きさだ。また、垂直方向に掘られた立

⑩**新切間歩**　代官所直営の間歩の1つで、正徳3（1713）年に水抜き坑道として掘られた

⑪**龍源寺間歩の内部**　手掘りで掘られた滑らかな壁面が奥に向かって続いている

⑫**ひおい坑**　鉱脈を追って掘り進められた坑道で、鏈押しと呼ばれている

⑬**清水谷製錬所跡**　斜面に沿ってひな壇状に築かれた石垣の基礎が残り、大がかりな施設であったことを示している

坑も目にすることができる。奥まで行くと出口に向かって116mの新坑道が掘られており、終点付近には石見銀山絵巻が掲示されている。

清水谷製錬所跡を中心とする明治時代の産業遺産

大森の町並みのはずれにある清水谷は明治20年代の採掘の中心地で、近代の鉱山遺構が残されている。福石鉱床で採掘された銀鉱石が蔵之丞坑から搬出され、トロッコ道を経由して選鉱場へ輸送された。ここで選別された後、銀精鉱はシュートで降ろされ、再びトロッコで製錬所の最上段まで運ばれた。遊歩道に沿って、これらの遺構を見学することができる。

一押しは最も下にある清水谷製錬所跡だ（⑬）。石見銀山初の近代的な銀の製錬所の廃墟であり、壮観な眺めを間近で味わうことができる。現在の金額で数十億円にもおよぶ巨費が投じられて明治28（1895）年に完成したが、わずか1年半で操業中止となり、短命に終わった。

石見銀山を詳しく学べる展示資料

石見銀山を紹介する展示施設として石見銀山世界遺産センターと、いも代官ミュージアムがある。前者は石見銀山の歴史や鉱山技術、学術調査の成果などを中心に展示されている。後者は江戸時代の古文書や絵図、鉱石などが主な展示物となっている。

おすすめは石見銀山世界遺産センターのほうだ。銀の採掘から製錬、歴史や世界経済に与えた影響に至るまで、一通り解説されており、石見銀山のことを詳しく知ることができる。また、地下の坑道

⑭**吹屋の再現模型**　江戸時代の銀の製錬所「吹屋」における作業風景が、等身大の人形で再現されている

や鉱山町を復元した模型、採掘や製錬作業を再現した等身大のジオラマ、映像による紹介が多くあり、視覚的にもわかりやすい（⑭）。

特に注目すべき展示物は、壁一面に飾られたズリ山のはぎ取りだ（⑮）。ズリ山の断面をはぎ取った、このような展示は非常にめずらしい。ほかもいろいろな鉱山道具、明治時代の坑内図、銀貨のコレクションなどを目にすることができる。

⑮ズリ山のはぎ取り展示　銀を採掘する際に発生したズリ山の断面が、発掘調査ではぎ取られたもの

鉱床・鉱物　福石鉱床と永久鉱床の2大銀鉱床

石見銀山周辺の地質は、主として新第三紀中新世の流紋岩および凝灰岩と、これらを覆う鮮新世から第四紀更新世のデイサイト質溶岩と火砕岩から構成されている。鉱床は銀を主体とする福石鉱床と、銀と銅を含む永久鉱床に分けられる。両鉱床とも今から180万年前に、デイサイトの貫入にともなって形成されたと考えられている。

福石鉱床は凝灰岩の細脈中に銀が含まれる鉱染型鉱床であり、福石と称される鉱石が産出した。この鉱石は自然銀と針銀鉱を主体として、少量の方鉛鉱、赤鉄鉱、菱鉄鉱などがともなわれる。さらにマッキンストリー鉱、輝銀銅鉱、ピアス鉱などの銀鉱物も産出する。

永久鉱床はデイサイトおよび凝灰岩の割れ目を埋めて生成した鉱脈型鉱床であり、佐藤鉉（づる）、馬背鉉など10本の主要鉱脈が存在する。鉱石は輝銀鉱、黄銅鉱、黄鉄鉱、方鉛鉱、閃亜鉛鉱、石英などから構成され、少量の菱鉄鉱、菱マンガン鉱、重晶石などがともなわれる。また、微量だがウィチヘン鉱やアイキン鉱などのビスマス鉱物も発見されている。

歴　史　大久保長安の活躍により江戸時代初期に日本一の銀山に輝いた

石見銀山は延慶2（1309）年の発見と伝えられている。本格的な開発は大永7（1527）年から始まり、天文2（1533）年には灰吹法による銀製錬が国内で初めて開始された。戦国時代末期にかけては、大内、毛利、尼子氏等による銀山の争奪戦が繰り広げられた。

関ヶ原の戦い後は徳川氏の所有となり、慶長6（1601）年には大久保長安が初代石見銀山奉行に任命された。彼の活躍により石見銀山は急速に発展し、寛永年間（1624 ～ 1644年）にかけて最盛期を迎えた。銀の年間生産量は30 ～ 40tにも達し、海外にも輸出された。しかしその後は銀の産出量が減少し、幕末頃には小規模に採掘される程度に縮小していた。

明治19（1886）年に藤田組（現在のDOWAホールディングス）が権利を買収し、明治21（1888）年から近代的な操業を開始した。当初は福石鉱床を採掘したが、鉱石の質が予想よりも悪かったため、永久鉱床へ移行した。大正時代初期には盛んに採掘されたが、第1次世界大戦後の不況のあおりを受けて大正12（1923）年に休山。昭和14（1939）年に再開を試みたが、大水害を被ったため昭和18（1943）年に閉山した。

橋野鉄鉱山

はしの

- 世界文化遺産
- 近代化産業遺産
- 三陸ジオパーク
- 国指定史跡

（高炉場部分のみ）

近代製鉄の源流をたどれる鉄鉱山跡

Data

【所在地】岩手県釜石市
【施設】橋野鉄鉱山インフォメーションセンター
0193-54-5250
【営業・見学】9時30分～16時30分（休館日：12/9～3/31）／無料
【主な産出物】鉄
【操業・歴史】安政5（1858）～明治27（1894）年

現存する日本最古の高炉跡が見学できる鉄鉱山

鉄は人間にとって最も利用価値のある金属で、生活用品から産業用に至るまであらゆる分野で使用されている。また、鉄は「産業の米」とも呼ばれ、鉄鋼業は重工業の中枢を担っている。かつては「鉄は国家なり」といわれ、鉄鋼生産が国力の指標になっていた。

鉄鋼業を中心とした明治時代の産業革命により、わが国は急速に近代国家へと成長していった。この産業が発展した大きな要因が、幕末期の西洋技術の導入、つまり高炉法による近代製鉄の成功であった。現存する日本最古の高炉跡が保存された鉱山跡が、岩手県釜石市の橋野鉄鉱山だ。大島高任の指導により安政5（1858）年に高炉が建設された。鉄鉱石の採掘から製鉄までのすべての工程が残る貴重な遺跡として、平成27（2015）年に世界文化遺産に登録された「明治日本の産業革命遺産」の構成資産となっている。

①三番高炉　橋野鉄鉱山で「仮高炉」として最初に建設された高炉であり、この周囲に覆屋（高炉を覆うための建築物）が建てられていた。約5.4m四方、高さ2.8mの石組が残っている

②一番高炉　約5.8m四方、高さ2.4mの石組が積まれている。手前側にフイゴ座が設置されていた

③二番高炉と石切場　左が二番高炉で約4.7m四方、高さ2.4mの石組が積まれている。右の斜面が石切り場の跡で、一部にタガネ跡が残る花崗閃緑岩が露出

橋野鉄鉱山は市北西部の橋野町青ノ木にあり、国内最大の鉄鉱山、釜石鉱山の北部にあたる。二又沢に沿って下流から順に高炉場跡、運搬路跡、採掘場跡の遺構が残り、これらが世界文化遺産の構成資産になっている。高炉場跡は常時見学できるが、運搬路跡と採掘場跡は非公開になっており、見学は釜石市が主催するイベント時に限られる。まずは、近代製鉄の先駆けとなった高炉場跡を見てまわろう。

高炉場跡の見どころは3基の高炉

高炉場跡には高炉があり、上流で採掘された鉄鉱石を製錬し、鉄を生み出す心臓部であった。現在の製鉄所に相当する場所で、3基の高炉をはじめ、水路跡、御日払所跡、種焼場跡、長屋跡などの遺構が残る。最盛期には1000人ほどがこの地で働いていたとされる。

1番の見どころは3つの高炉。南から順に1番高炉（②）、2番高炉（③）、3番高炉（①）が水路跡に沿って並んでいる。3番高炉が最も古く、安政5（1858）年に仮高炉として建設され、これを改修したものだ。オランダ語の書物（蘭書）に書かれたものと近い形式となっており、明治27（1894）年に閉鎖されるまで長く活躍していた。1、2番高炉は万延元

④高炉の石組　花崗閃緑岩が使われており、石英（無色）、カリ長石と斜長石（白色）、角閃石（黒色柱状）が観察される

⑤水路跡　花崗閃緑岩の石垣でできた水路が高炉場跡を縦断している（約500m）

⑥御日払所跡　安政5（1858）年に建設され、南北30m、東西12mの長方形状に区画された平場が残る

⑦露天掘り跡　地表付近に露出する鉄鉱石を採掘した跡であり、幅20mほどのくぼ地になっている

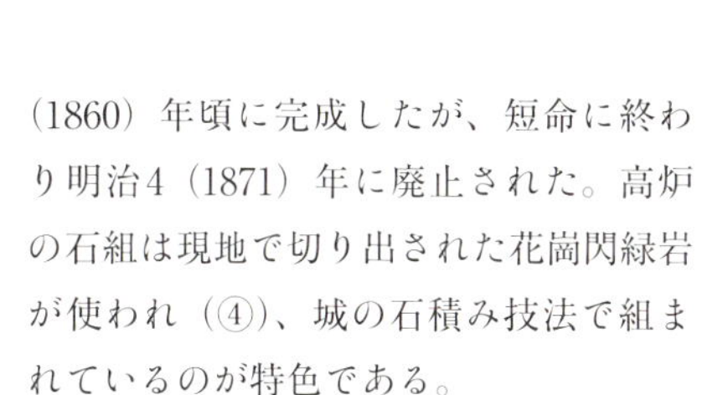

（1860）年頃に完成したが、短命に終わり明治4（1871）年に廃止された。高炉の石組は現地で切り出された花崗閃緑岩が使われ（④）、城の石積み技法で組まれているのが特色である。

高炉の送風や鉄鉱石の粉砕の動力として水車が利用された。これを動かすために水路が築かれ、今も約500mにわたってこの跡が残されている（⑤）。高炉場跡の中心付近には御日払所（おひばらいしょ）跡が残り、最も目立つ建物跡になっている（⑥）。鉱山事務所に該当する場所であり、ここで賃金の支払いや採掘された鉄鉱石の管理などが行われた。

幕末から明治時代の採掘遺構が残る採掘場跡

採掘場跡は高炉場跡から約3km離れた二又沢上流の西又沢にあり、徒歩で約1時間30分かかる。ここには橋野鉄鉱山時代の遺構として、露天掘り跡および半地下式の採掘跡が残る。橋野高炉が廃止された後は釜石鉱山青ノ木鉱床として鉄鉱石の採掘が行われたため、釜石鉱山時代の坑道跡、電巻室跡、トロッコ軌道跡、火薬庫跡なども見られる。

すり鉢状のくぼ地が露天掘り跡で、西又沢の源流付近にある（⑦）。この周囲には土留め用の石垣も築かれている。この跡の中に露出する岩盤を眺めると採掘されずに残された黒色の磁鉄鉱がある

⑧露天掘り跡に露出する磁鉄鉱　黒い鉱物が磁鉄鉱であり、磁石（青）にくっつくのが特徴

⑨半地下式の採掘跡　鉄鉱石の脈を追っていくことで半地下式となった。現在は入口付近が崩落し、竪穴状になっている

(⑧)。半地下式の採掘跡はさらに約40m奥にあり、立穴のように溝状に掘り込まれた跡が残る(⑨)。ここは露天掘り跡よりも後に掘られ、釜石鉱山時代も継続していた。

鉄鉱石の輸送に活躍した運搬路跡

採掘場から高炉場まで鉄鉱石を搬出するために、運搬路が二又沢および西又沢沿いにつくられた。現在の二又沢林道と重なってしまって消滅した部分も多いが、二又沢橋から西又沢へ分岐する間によく残されている。幅1.5mほどの山道が斜面に沿って切り開かれており、今も歩くことができる(⑩)。操業時には、この道を通って牛や人力により鉄鉱石が運搬されていた。

⑩運搬路遺構 100年以上前につくられた鉱山道路であり、今も形がしっかりと残っている

鉱床・鉱物 磁鉄鉱を主体とするスカルン型鉱床

橋野鉄鉱山周辺の地質は古生代ペルム紀の堆積岩(石灰岩、泥岩、礫岩)および白亜紀の深成岩(花崗閃緑岩、閃緑岩)から構成されている。鉱床は石灰岩が花崗閃緑岩の貫入にともなう交代作用を受けて形成された鉄のスカルン型鉱床だ。

鉱床を構成する主な鉱物は磁鉄鉱、灰鉄柘榴石、灰鉄輝石、緑簾石などである。黒色の磁鉄鉱が鉄鉱石として採掘され、これを適当なサイズに砕いて高炉へ投入された。本鉱山では鉄鉱石を“種”と独自の名前で呼んでいた。

歴史 近代製鉄の父、大島高任の指導で高炉経営に成功

安政4(1857)年、山を越えた反対側の甲子村大橋で高炉による出銑(しゅっせん)(高炉で製錬された鉄を取り出すこと)に日本で初めて成功した。これを受けて盛岡藩は、安政5(1858)年に大島高任の指導のもと橋野に仮高炉を建設し、半年後に操業に成功した。また、原料となる鉄鉱石は青ノ木鉱床から採掘された。

藩の直営により鉱山および高炉の経営が行われ、万延元(1860)年頃には一番高炉と二番高炉が完成した。さらに元治元(1864)年には、仮高炉が改修されて三番高炉になった。明治元(1868)年には民営となり銭座が併設され、鉄銭の製造が開始された。明治2年(1869)年頃にかけて最盛期を迎え、約1000人の従業員の働きにより年間出銑量は30万貫(約1125t)に達した。

ところが明治4(1871)年に銭の密造が発覚し、一番高炉と二番高炉が廃止に追い込まれた。この事件後、瀬川清兵衛の経営となり、三番高炉のみ銑鉄生産が細々と続けられた。明治27(1894)年、経営権が釜石鉱山田中製鉄所へ売却され、三番高炉も廃止となり歴史に幕を下ろした。

多田銀銅山

国指定史跡

近畿大都市圏からのアクセス抜群、歴史あふれる銀と銅の鉱山跡

Data

【所在地】兵庫県川辺郡猪名川町
【施設】多田銀銅山 悠久の館　072-766-4800
【営業・見学】9時～17時（休館日：毎週月曜日、12/29～1/3）／無料
【主な産出物】銀・銅
【操業・歴史】8世紀前半～昭和48（1973）年

大阪市の近郊にあった国内有数の銀銅鉱山

大阪市近郊の北西部、兵庫県へとまたがる北摂地域は里山が広がり、自然豊かな地域となっている。この地には多田銀銅山と呼ばれる銀と銅の鉱床が密集し、かつては国内有数の鉱山地帯であった。その範囲は川西市、宝塚市、猪名川町、池田市、箕面市、豊能町、能勢町の東西20km、南北25kmにもおよんでいる。

採掘の歴史は古く、伝承ではあるが川西市域にある銅山で産出した銅を奈良の大仏に献上したといわれている。

採掘の中心となった場所は、兵庫県猪名川町の銀山地区だ。古代から採掘が始まったと伝えられ、近世になって隆盛期を迎え、豊臣政権や徳川幕府の財政を潤したとされる。多田銀銅山の鉱山調査と発掘調査で江戸～明治時代の遺跡が良好に残されていることがわかった。また、大阪にも近く近世の銀銅の流通ルートがわかっており、江戸～明治時代の鉱山関連文書が膨大に残されている。約1000

①**大露頭**　露出した鉱脈（瓢箪鐚）の形状を観察できるたいへん貴重なものであり、国史跡範囲内であるとともに猪名川町の天然記念物に指定されている

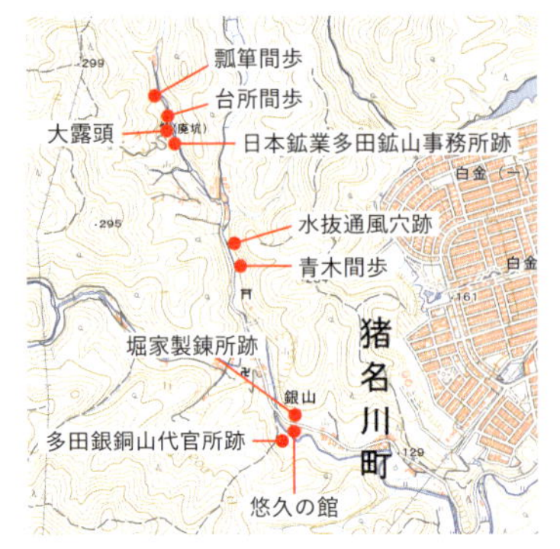

②見どころ分布図（地理院地図（電子国土Web）を基に作成、2.5万分の１地形図「武田尾」に対応）

年にもおよぶ歴史が史料から確認できる数少ない鉱山遺跡として評価され、平成27（2015）年に国指定史跡に指定された。

多田銀銅山跡は猪名川町の中心部に近い銀山地区にあり、その入口付近には「多田銀銅山 悠久の館」が開館している。銀山川に沿って下流から順に代官所跡、製錬所跡、青木間歩、大露頭、瓢箪間歩などの遺構が残されている（②）。地区内にはハイキングコースが設定されており、歩きながらこれらの遺構を見てまわることができる。特に見どころとなるのが、青木間歩と大露頭だ。

坑道内を唯一見学できる青木間歩

銀と銅を採掘した採鉱跡は猪名川町とその周辺の至るところに存在する。江戸時代の文書によると2000か所あると記されている。散策ルート内では青木間歩、水抜通風穴跡、台所間歩、瓢箪間歩の4つの坑口が見られる。この中で内部を見学できる唯一の坑道が青木間歩だ（③）。

青木間歩は銀山川の左岸にあり、全長約57mの内部が公開されている。昭和38（1963）年に日本鉱業が探鉱目的で開坑した新しい坑道で、さく岩機で掘られたのが特徴だ（④）。中に入って20mほど進むと右に向かって鏈押し坑道が延びており、途中で江戸時代の鏈追坑道とつながっている。

坑道内の一番の目玉は、天井に露出する鉱脈だ（⑤）。銀銅鉛を含む石英脈で、表面は酸化鉱物が見られる。また、この脈は地上に向かって延びており、地表に露出した部分は縦長に見事に掘り抜かれ（⑥）、青木間歩の直上には露頭掘と呼ばれる地表採掘の跡がある。

③青木間歩　坑道の名前は入口付近に植物のアオキが密集していたことに由来する

④青木間歩の内部　機械堀りのため荒く削られた岩肌が特徴

⑤天井に見られる鉱脈　銀鉱物、孔雀石、青鉛鉱が見られ、脈の幅は5～15cmほどある

⑥露頭掘の跡
近世以前に地表に現れた鉱脈に沿って溝状に採掘した跡で、青木間歩内で見られる江戸時代の坑道とつながっている

遺跡内に点在する さまざまな遺構

青木間歩以外で最大の見どころは、瓢箪鏈の大露頭だ（①）。本鉱山で最大の鉱脈である瓢箪鏈が地表に露出した場所で、白い石英脈を間近で観察することができる。この鉱脈の延長上では豊臣秀吉の時代から昭和40年代まで採掘が続いていた。この周囲には台所間歩や瓢箪間歩などの近世の遺構に加え、昭和時代の鉱山事務所跡も残されている。

多田銀銅山悠久の館の両側には明治時代の堀家製錬所跡と江戸時代の多田銀銅山代官所跡が残る。堀家製錬所跡は明治時代の実業家、堀藤十郎が建設した近代的な選鉱・製錬施設の跡だ（⑦）。今は多田銀銅山悠久広場として整備されているが、左側の機械選鉱場の跡にレンガ構造物、右側の製錬所跡には2つの煙道吸込口を見ることができる。

多田銀銅山代官所跡は銀山川の対岸にあり、川伝いに約70mにもおよぶ石垣が残されている（⑧）。江戸時代にはここを中心に銀山町が形成され、「銀山三千軒」と呼ばれるほど大いににぎわっていた。

銀銅鉱石が目玉となる展示資料

多田銀銅山悠久の館は多田銀銅山を紹介する資料館で、鉱山の歴史や作業に関

⑦堀家製錬所跡　6基のレンガ構造物は動力伝達用の滑車を置くためにつくられた。明治時代を代表する遺構として保存されている

⑧多田銀銅山代官所跡　江戸時代前期の寛文2（1662）年に設置された代官所の跡で、その広さは2500m²にもおよぶ

するものを中心に展示している。主な展示資料として鉱石、古文書や絵図、江戸時代の鉱山道具、代官所の模型などがあり、本鉱山の概要を一通り知ることができる。

おすすめの展示物は、多田銀銅山で産出した鉱石だ。黄銅鉱、斑銅鉱などの主要な鉱石鉱物とともに孔雀石、青鉛鉱、モットラム石などの2次鉱物も飾られている。特に注目すべき鉱物が斑銅鉱で、大型の立派な標本を眺めることができる(⑨)。銅の含有量が黄銅鉱よりも多く、さらに銀も含まれるため、良質な銀銅鉱石として採掘されていた。

⑨含銀斑銅鉱　紫色の斑銅鉱を主体とする高品位な銅鉱石で、銀も含まれる

鉱床・鉱物　銀と銅を主体とする鉱脈型鉱床

多田銀銅山周辺には中生代ペルム紀の堆積岩（泥岩、砂岩）および中生代白亜紀の地層（流紋岩、凝灰岩、砂岩、泥岩）が分布しており、両者を白亜紀の花崗斑岩が貫いている。鉱床は主として凝灰岩の割れ目を埋めて生成した鉱脈型鉱床であり、花崗斑岩の貫入により形成されたと考えられている。銀と銅を主体として、少量の亜鉛、鉛がともなわれる。

鉱脈を構成する一般的な鉱物の組み合わせは黄銅鉱、斑銅鉱、方鉛鉱、石英、緑泥石からなる。さらに自然銀、針銀鉱などの銀鉱物や褐錫鉱、モースン鉱などの錫を含んだ鉱物もともなわれる。地表付近の酸化帯には孔雀石、赤銅鉱、青鉛鉱、白鉛鉱など銅や鉛の2次鉱物が形成されている。

歴史　豊臣秀吉と江戸幕府の経営により大繁栄

鉱山の歴史は古く、平安時代中期の天禄元（970）年に金瀬太郎が銀を採掘し、源満仲に献上したと伝えられる。その後、天正8（1580）年以降には豊臣秀吉の命により開発が行われ、大坂城の財政を潤すほど多額の産出があったといわれている。

江戸時代の万治3（1660）年に良質な銀鉱脈が発見され、翌年には幕府の代官所が設けられて盛大に採掘された。寛文4（1664）年には銅産出量がピークに達し、全盛期を迎えていた。しかし、以降は減少に転じたが、幕末頃まで採掘が続いていた。

明治以降は所有者が転々と変化しながら経営が行われたが、明治26（1893）年に堀藤十郎の所有となった。明治30（1897）年から操業を開始し、鉱山の近代化を進めた。明治40（1907）年に機械選鉱場の建設に着手したが、翌41（1908）年の銅価格暴落により休山に追い込まれた。

しばらく休止が続いていたが、昭和19（1944）年、日本鉱業が鉱業権を買収した。昭和34（1959）年より探鉱を開始した結果、銀品位の高い鉱脈が発見された。開発準備が進められ、昭和41（1966）年から採掘が開始された。しかし長続きせず、昭和48（1973）年に閉山となった。

長登銅山（ながのぼり）

国指定史跡

Mine秋吉台ジオパーク

古代と近代の遺構を見学できる日本最古と推定される銅山跡

Data

【所在地】 山口県美祢市
【施設】 長登銅山文化交流館　08396-2-0055
【営業・見学】 9時～17時（月曜定休日、年末年始：12月28日～1月4日）／入場料（個人）：大人300円
【主な産出物】 銅
【操業・歴史】 8世紀前後～昭和35（1960）年

奈良の大仏の原料になった日本最古の銅山

あかね色に輝く銅は、古くからわが国を代表する鉱物資源であった。国内の金属鉱山の中でも銅山が圧倒的に多く、全国各地に2000か所以上にも達する銅鉱山が存在した。今ではすべてを輸入に頼っているが、かつては江戸から昭和にかけて世界有数の産銅国だった。

数多の銅鉱山のうち、現状で国内最古として知られる銅山が本州西端近くの山口県美祢市にある長登銅山だ。飛鳥時代の8世紀前後から銅の採掘が始まり、奈良時代に建立された「奈良の大仏」の鋳造に使用されたと考えられている。また、長登の地名も「奈良登り」に由来しており、奈良に銅を送ったという意味である。

長登銅山跡は市東部に広がる日本最大のカルスト台地、秋吉台のすぐ近くにある（①）。この跡地の一帯に16か所の採鉱跡と13か所の製錬跡が分布し、大切谷を中心としたエリアのみ「古代鉱山遺跡」

①長登銅山跡　正面の大切谷と呼ばれる谷沿いに古代の採掘跡や製錬遺跡が分布する。右にある施設は銅製錬・鋳造体験場

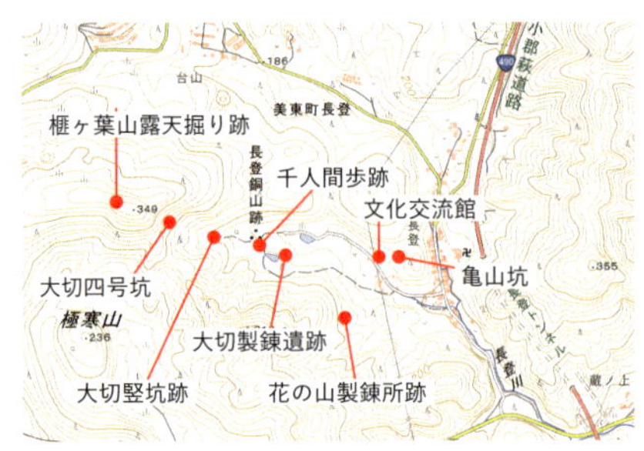

②見どころ分布図（地理院地図（電子国土Web）を基に作成、2.5万分の1地形図「秋吉台」に対応）

として国指定史跡となった。現在は、坑道、立坑跡、製錬跡など遺構の一部を見学することができる（②）。奈良時代から明治時代に至る古代と近代の両方の遺構を見ながら、1000年以上にもわたる銅採掘の歴史を味わってみよう。

銅を採掘した日本最古の坑道

銅山跡には全国でも数少ない古代の鉱山遺構が残り、この当時の坑道や露天掘り跡、製錬跡が存在する。このうち「大切四号坑」の入口のみ常時見学が可能だ。この坑道内部および榧ヶ葉山の露天掘り跡は非公開になっているが、イベントに参加する場合のみ訪ねることができる。

大切四号坑は榧ヶ葉山の東山腹、瀧ノ下と呼ばれる斜面沿いにある（③）。ここが銅を掘った日本最古の坑道と推定されている。この入口付近は大正時代の採掘により広がっている。内部は縦長の空洞になっており、壁をよく見ると緑色の鉱物がところどころに生成している（④）。古代にはこの孔雀石が銅の原料になり、近世では顔料として採掘された。

大切四号坑へ向かう途中に、千人間歩跡と呼ばれる坑道跡がある（⑤）。道路脇に見られるやや大き目のくぼ地で、江戸時代の採掘跡と考えられている。

近代の製錬所跡の廃墟と坑道跡

古代の遺構に加え、近代の鉱山遺構も多く残されている。一番の見どころが文

③大切四号坑　奈良時代に開発されたと推定される坑道

④大切四号坑の内部　縦長に採掘されており、高さはおよそ15mに達する

⑤**千人間歩跡**　古い坑道の跡で、崩落によりくぼ地になっている

⑥**花の山製錬所跡**　明治38（1905）年に開設された製錬所の跡。奥に溶鉱炉や機械場が設置され、手前側はカラミ捨て場となっている

化交流館のすぐ南にある「花の山製錬所跡」だ（⑥）。古代ローマ遺跡を彷彿させる魅力的な製錬所跡の廃墟であり、石垣、溶鉱炉跡、煙道、カラミ捨て場などさまざまな遺構を目にすることができる。特に、カラミレンガでできた煙道は今ではたいへんめずらしい存在だ（⑦）。すぐ脇には「花の山坑跡」があり、崩れているが入口には四ツ留の坑木が復元されている（⑧）。

大切四号坑への山道入口には「大切竪坑跡」が見られる（⑨）。この立坑跡は直径10mほどの大きなすり鉢状の穴になっており、その脇には石垣やアーチ状のレンガが残されている。花の山製錬所と同じく堀藤十郎氏により垂直に掘られた坑道で、明治40（1907）年から開さくが始まった。大正7（1918）年頃には深さ85mに達したが、翌8（1919）年の休山とともに閉鎖となった。

⑧**花の山坑跡**　花の山鉱床を採掘した坑道で、明治時代に堀氏により開発された

⑦**煙道**　長さは90mあり、途中までカラミレンガが使用されている

⑨**大切竪坑跡**　大切鉱床の下部を採掘した立坑。巻き上げの動力には当初は人力、後に馬が利用された

銅鉱石が目玉となる展示資料

文化交流館は長登銅山に関する資料館で、発掘調査で出てきた遺物を中心に展示されている。主な展示物は土器、木簡、鉱石、カラミ、古代の製錬道具など。奈良時代における銅の製錬方法や、奈良の大仏との関係について理解することができる。

特に鉱石の展示が充実しており、長登銅山跡で採取された孔雀石、黄銅鉱、柘榴石などが並べられている。(⑩)。さらに周辺鉱山で採取された大型の見事な酸化銅鉱石も間近で眺めることができる。

⑩大切鉱床産の孔雀石　銅と緑色顔料「滝ノ下緑青」の原料になった鉱石

鉱床・鉱物　さまざまな金属をともなう銅のスカルン型鉱床

長登銅山周辺の地質は古生代石炭紀の石灰岩、玄武岩、チャート、砂岩および中生代白亜紀の花崗斑岩から構成されている。鉱床付近では石灰岩が広く分布しており、花崗斑岩が貫入している。鉱床は石灰岩が交代作用を受けて形成されたスカルン型鉱床だ。榧ヶ葉山、大切、花の山など複数の鉱床が存在する。

銅を主体とする鉱床であるが銀、コバルト、ビスマス、ヒ素などさまざまな金属がともなわれる。主な鉱物は黄銅鉱、斑銅鉱、輝コバルト鉱、硫砒鉄鉱、磁硫鉄鉱、灰鉄柘榴石、灰鉄輝石、方解石などだ。地表付近では黄銅鉱などが酸化して孔雀石、珪孔雀石などの銅の2次鉱物が形成されている。

歴　史　1000年以上も続いた長い採掘史

採掘の始まりは飛鳥時代の8世紀前後と伝えられている。奈良時代の天平勝宝4（752）年に完成した東大寺盧舎那仏の原料として、本鉱山から産出した銅が使用された。

その後、室町時代になるとこの地を支配した大内氏の関係により再開され、さらに戦国時代には毛利氏の領国となった。江戸時代に入ると長州藩の直営により採掘が行われた。途中から大坂商人などによる請山（鉱山経営者が藩に一定期間の税金を納めて、鉱山を請負稼行すること）へと移行し、18世紀半ば頃まで続いていた。

明治25（1892）年に山陰の鉱山王、堀藤十郎が採掘を開始し、同38（1905）年に花の山製錬所を建設した。明治末期から大正初期にかけて盛んに採掘されたが、銅価格の暴落により大正8（1919）年に休山した。昭和7（1932）年に枡谷産業により再開され、戦後は野上辰之助が経営した。一時期活況を呈したが、地下水が多量に湧出したため昭和35（1960）年に閉山となった。

大人気のトロッコ

Column

鉱山や坑道と聞けば、レールを走るトロッコを連想する方も多いかもしれない。トロッコは2軸の台車の上に箱が取り付けられた車両で、鉱山では「鉱車」とも呼ばれている。採掘された鉱石はトロッコに積み込まれ、鉱石運搬の主役として活躍していた。鉱山を舞台とした映画やゲームにもよく登場し、トロッコに乗って爆走するシーンなどが人気だ。

①角型鉱車　史跡生野銀山の敷地内に展示されたもの

鉱山で使用されるトロッコの型式は、角型鉱車、グランビー鉱車、ダンプ鉱車の3つに大きく分かれる。多くの鉱山観光施設に、かつて使われていたこれらのトロッコが展示されており、施設ごとにトロッコの細部が異なっているのも面白い。

角型鉱車は最も一般的なトロッコで、名前の通り長方形だ（①）。この箱の中に1tの鉱石を積むことができる。これを積み下ろす際には、チップラーという回転装置が使用された。箱は木製と鉄製があり、明治〜昭和の戦前までは前者が主体だったが、戦後の時代になると後者が主に使われるようになった。

グランビー鉱車は角型鉱車よりも大型で、積載量は1.5〜5tに達する（②）。特に大規模鉱山の基幹坑道における鉱石輸送で使用された。箱の横には扉が付いており、誘導車輪によって傾斜させると走行しながら鉱石を降ろすことができる。

ダンプ鉱車は逆三角形の箱がついたトロッコで、ナベトロの愛称で呼ばれている（③）。手動で箱を傾けて中の鉱石を排出できるのが特徴だ。かつて多くの鉱山で使用されていたが、意外にも展示されるケースが少ない。また、別子銅山では三角鉱車と称される独自のものが利用された。

②グランビー鉱車　鯛生金山地底博物館に展示されたもの

③ダンプ鉱車　足尾銅山観光の観光坑道内に展示されたもの

6 砂金採り

近世以前の古い時代には、金は主に砂金採取によって得られていた。川底にたまった砂金を土砂ごとすくい、特殊な形をした皿などを用いてゆり分ける方法だ。それを現代でも味わえる施設が、国内で10か所ほど営業している。この章では、そのなかでも砂金採り体験を売りにしている3つの金山跡を取り上げた。一攫千金を夢見て、砂金を探しに行こう。

西三川砂金山

にしみかわ

世界文化遺産
重要文化的景観

世界遺産・佐渡で最古の金山跡と資料館

Data

【所在地】新潟県佐渡市
【施設】佐渡西三川ゴールドパーク　0259-58-2021
【営業・見学】9時30分～17時（3～4月、9～11月）、8時30分～17時30分（5～8月）、9時～16時30分（12～2月）・定休日なし／入場料（個人）：大人1500円（砂金採り体験料金を含む）
【主な産出物】金
【操業・歴史】平安時代～明治5（1872）年

日本最大の砂金の堆積鉱床

砂金とは砂状になった自然金のことであり、金鉱脈が風化、浸食を受けて川床や海岸に流出して沈積したものだ。川の中に積もる砂礫層に含まれており、上流に金をともなう金属鉱床がある河川ならだいたいどこにでも存在する。また、砂金は北海道から鹿児島県に至るまでほぼ全国から産出している。

砂金が濃集した砂礫層が地層に変わると堆積鉱床が形成される。国内では北海道や東北地方の北上山地などを中心に存在した。この中で国内最大の規模を誇った鉱床が新潟県佐渡島にあった西三川砂金山だ。島内には国内第2位の佐渡金山をはじめ多くの金鉱脈が存在し、これらが風化して形成された堆積鉱床と考えられている。この砂金採掘の歴史は古く、平安時代から明治時代に至るまで約800年続いていた。

①西三川ゴールドパーク　砂金採り体験と砂金に関する展示資料が見どころ

②**見どころ分布図**（地理院地図（電子国土Web）を基に作成、2.5万分の１地形図「羽茂本郷」に対応）

西三川砂金山は佐渡島南西部の笹川集落にあり、島内最古と伝わる金山跡だ。この集落内には砂金の採掘跡、石積み水路跡、役人の住宅跡などの遺構が残されている（②）。集落より3km下流の県道沿いには体験型資料館、西三川ゴールドパークが営業しており、砂金採り体験が存分に味わえる（①）。一攫千金を目指して砂金採りにチャレンジしながら、跡地をめぐってみよう。

天然の砂金が採れる体験施設

西三川ゴールドパークは国内初の砂金採り体験場であり、これを観光の目玉にしている。以前は初級・中級・上級の3コースに分かれていたが、現在は室内の水槽で採取する初級コースのみ（③）。縦長の水槽には砂金を含んだ砂がたまっており、30分の制限時間内に専用のパンニング皿を使用して砂金を探しあてる体験が楽しめる。

ここは自然金が使用されており、くぼみのあるいびつな形をしているのが特徴だ（④）。砂金のサイズもほかの体験施設と比べて大きく、直径約2mmに達するものもある。コツをつかむと制限時間内に10粒ほど採れるかもしれない。

江戸時代の採掘遺構が残る集落

虎丸山、立残山など笹川集落を取り巻く山々が砂金の採掘場であった。かつて砂金採掘に従事していた方々がそのまま残って集落を形成し、今も当地で暮らしている。この一帯に虎丸山の採掘跡、石積み水路跡、金山役宅跡、立残山堤跡などの遺構が分布している。これらは公道から眺めることが可能だ。ただし、見学する際は地元の方々に迷惑がかからない

③**砂金採り体験場**　日本一の広さを誇り、最大500人が収容できる

④**採れた砂金**　パンニング皿の砂を除去していくと金色の砂金が出てくる

⑤**虎丸山**　山腹にある赤茶けたガレ場が砂金を掘り出した跡

⑥**役宅跡**　石垣の積まれた平坦地の上にかつて役人の住宅が建っていた

ように配慮が必要である。

集落南方にある虎丸山が最も大きな採掘場であり、西三川砂金山のシンボル的な存在になっている。砂金を含む礫岩層を掘り崩した跡が赤茶けたガレ場となっており、これが最大の見どころだ（⑤）。採掘されていた当時、佐渡奉行所から役人2人が派遣されており、その役所跡と役宅跡が集落北部に残る（⑥）。

江戸時代、砂金は「大流し」と呼ばれる方法で採掘されていた。山肌を大規模に削り落として、余分な土砂を大量の水で洗い流して砂金を採る方法だ。大量の水が必要になるため、複数の堤（ため池）と12kmにもおよぶ水路がつくられた。今も石積みの水路跡が道路脇に見られる（⑦）。砂金の採掘で発生したガラ石を使って築かれたものだ。

砂金のでき方や採掘に関する展示

西三川ゴールドパークには資料館が併設されており、砂金のでき方や採掘方法、西三川砂金山の歴史などについて解説されている（⑧）。主要な展示物は砂金や岩石中に含まれる山金の自然金標本、インゴット、小判、金箔などの金製品や砂金採掘の道具などだ。通常の砂金や山金は肉眼でやっと見えるぐらいの大きさだが、ここには目立つほど大きなものが飾

⑦**水路跡**　堤から採掘場に水を引くために、石を積んでつくった水路の跡

⑧**展示室の様子**　手前のガラスケースに金製品が飾られ、奥のパネルでは砂金のでき方が解説されている

⑨砂金と山金の展示　右から3つまでが砂金で、左の2つが山金。天然の金の形状がわかる

⑩砂金採掘の道具　樋（とい）、ネコタ、杓子、汰板（ゆりいた）などの道具が展示されている

られている（⑨）。

目玉となる展示物は砂金採掘の道具で、砂金採り体験場の通路に飾られている（⑩）。江戸時代、西三川砂金山では人工的な水路に落とされた土砂からこれらの道具を使用して砂金を採掘していた。作業の様子を描いた絵図や手順を説明した写真も掲げられており、採掘道具の使用方法についても理解できる。

鉱床・鉱物　砂金のみからなる金の堆積鉱床

鉱山周辺の地質は新第三紀中新世の堆積岩（礫岩、砂岩、泥岩）およびデイサイトから構成されている。鉱床は礫岩中に含まれる砂金の堆積鉱床であり、虎丸山の掘り崩した跡にも露出している。鉱床中の鉱石鉱物は自然金（砂金）のみだ。

この砂金鉱床は今から約2100万年前の火山活動でできた金鉱脈が、約1500万年前頃に風化により自然金が流れ出て、海底に堆積して形成されたものである。その後、隆起と浸食により砂金を含む礫岩層が地表へ姿を現し、川に洗い出されたものが古代の人に発見された。

歴　史　大流しにより江戸時代初期に繁栄

『今昔物語集』によると、西三川砂金山は平安時代から砂金採掘が始まったと伝えられる。室町時代の寛正年間（1460 ～ 1466年）に島外から移入した浄土真宗門徒らによる砂金採掘が行われた。その後、永正10（1513）年にいったん中断となった。

天正17（1589）年に越後の戦国大名、上杉景勝が佐渡を平定し、家臣2名を派遣して砂金山を支配した。文禄2（1593）年頃より本格的な開発が進められ、毎年3駄の砂金が伏見城へ納められた。

江戸時代に入ると島全体が幕府の支配地となり、慶長9(1604)年に金山役所が置かれた。「大流し」と呼ばれる採掘方法が取り入れられたため、産金量は飛躍的に増大し、江戸初期にかけて最盛期を迎えた。しかし中期以降は産金量が次第に減少し、明治5（1872）年に閉山となった。

湯之奥金山

国指定史跡

武田信玄ゆかりの山金採掘跡と再現ジオラマ

Data

【所在地】山梨県南巨摩郡身延町
【施設】甲斐黄金村・湯之奥金山博物館
0556-36-0015
【営業・見学】9時～17時（休館日：毎週水曜日、年末年始休あり）／入場料（個人）：大人展示観覧500円、砂金採り体験：700円、セット（観覧＋体験）：1400円
【主な産出物】金
【操業・歴史】15世紀後半～貞享3（1686）年

黎明期の山金採掘の遺構が残る金山跡

金の産出状態は、川底にたまる「川金」、河岸段丘の礫層や山麓平原の砂礫層に含まれる「柴金」、岩石中に含まれる「山金」の3通りある。日本の金鉱業は奈良時代、採取が容易な砂金から始まり、戦国時代になると硬い岩盤を掘削して山金が掘られるようになった。近世以降はこれが金採掘の主体へと移行した。

黎明期の山金採掘の遺構が残っているのが、山梨県身延町にある湯之奥金山だ。戦国時代、武田信玄が支配する甲斐国の金山の中では最大規模を誇り、江戸時代の初め頃にかけて栄えていた。中山、内山、茅小屋の3つの金山から構成されており、中でも中山金山は歴史的、学術的な価値が高いと評価され、国史跡に指定された。

湯之奥金山は下部（しもべ）温泉の上流、標高1400m以上の山中にあり、静岡県との県

①甲斐黄金村・湯之奥金山博物館　下部川沿いにあり、JR身延線下部温泉駅から歩いて5分で到着する

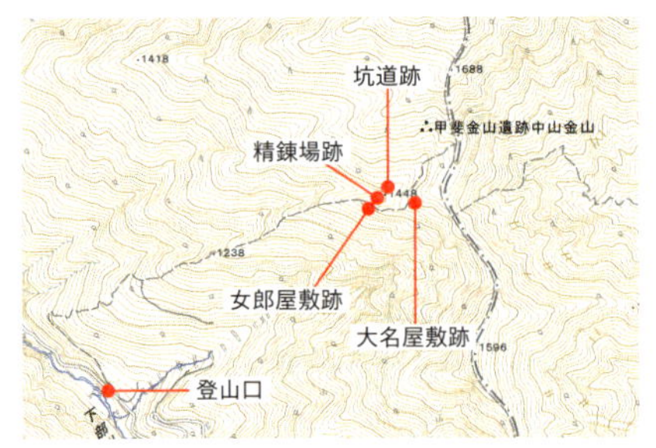

②見どころ分布図（地理院地図（電子国土Web）を基に作成、2.5万分の1地形図「人穴」に対応）

境付近に位置する。3つのうち中山金山跡のみが毛無山に至る登山道沿いにあるため、遺構の一部を見学することが可能だ（②）。また、下流の温泉付近には湯之奥金山博物館があり、展示資料の見学と砂金採り体験ができる（①）。

遺構、展示資料、砂金採りの中で、一番人気は砂金採りだ。遺構は博物館より1200mも高所にあり、行くには本格的な登山装備が必要になる。まずは博物館で展示資料と砂金採りを中心に“金”を味わってみよう。

汰り分けを体験しながら砂金探し

湯之奥金山博物館の砂金採り体験室（③）では、鉱山作業の1つ「汰り分け」が体験できる。室内に置かれた水槽の底には、砂金を含んだ砂がたまっている。30分の制限時間内に、専用の皿を使用して底にたまった砂をゆすり分けると、砂金を得ることができる。

出てきた砂金は天然のような不規則な形をしているが、実は金細工でつくられた金だ（④）。直径1mm程度が多いが、まれに2mmほどのものも見られる。初心者なら3粒採れれば満点だが、名人になると10～20粒以上も採るそうだ。毎年、夏に国内最大の「砂金掘り大会」が開催されており、上達したら全国の砂金掘り師と競い合うことができる。

人里離れた山中に残る採掘遺構

中山金山跡は静岡県との県境に沿って続く稜線から西に延びる尾根付近にある。発掘調査により、尾根近くに露頭掘り跡が77か所、坑道跡が16か所、さらに150m下部の金山沢付近に124か所のテラスが残ることが判明している。登山道沿いにある、下部のテラスと呼ばれる人為的な平坦地を中心とする遺構のみ見学が可能だ。上部にある採掘跡は道も無く、遭難の危険もあるため、博物館主催の見学会に参加しないと訪問できない。

下部川沿いの登山口から毛無山に向かって急な山道を登り、約2時間歩くと標高1450mの金山跡にたどり着く。この一帯には、女郎屋敷跡、精錬場跡、坑道跡、大名屋敷跡などの遺構が分布して

③砂金採り体験室の様子　細長い水槽が3基並んでおり、一度に100人が同時体験できる

④採れた砂金　黒いパンニング皿に金色の砂金が姿を現す

⑤女郎屋敷跡　東西約70mの長さがある大きなテラスで、テラス名は後の伝承によるもの

いる。道沿いにテラスが目立ち（⑤）、かつての作業域や生活域だったと考えられている。

最大の目玉となる遺構が精錬場跡だ。段々状に造成されたテラスが金山沢に沿って広がり、石垣が残るところも見られ（⑥）、大がかりな作業場であったことを物語っている。さらにこの外れには1か所の坑道跡が残るが、土砂で入口は埋まっている（⑦）。

金精錬の再現模型が見どころの展示資料

博物館の常設展示室には湯之奥金山に関連する資料が置かれており、金山の概要や戦国時代における山金の採掘と精錬方法、金山衆の生活などを知ることができる。主な展示物は砂金、甲州金や江戸期の大判・小判、金鉱石、鉱山臼などの鉱山道具、戦国時代の採掘風景のジオラマ、精錬の作業工程を復元した実物大の模型などである。

目を引く展示物は金精錬の作業工程を復元した模型で、ここでしか見ることができない。鉱石の粉砕、鉱山臼による微粉化、汰り板を使った選別、吹き溶かし

⑥精錬場跡　石垣の組まれたテラスが残る。この一帯で鉱石を細かく砕き、金を精製する作業が行われていた

⑦坑道跡　精錬場跡に唯一存在する坑道跡。奥行きは45mに達し、中山金山の中で最も長い

⑧**金精錬の作業工程を復元した模型**　等身大の人形により4つの作業工程が再現されている

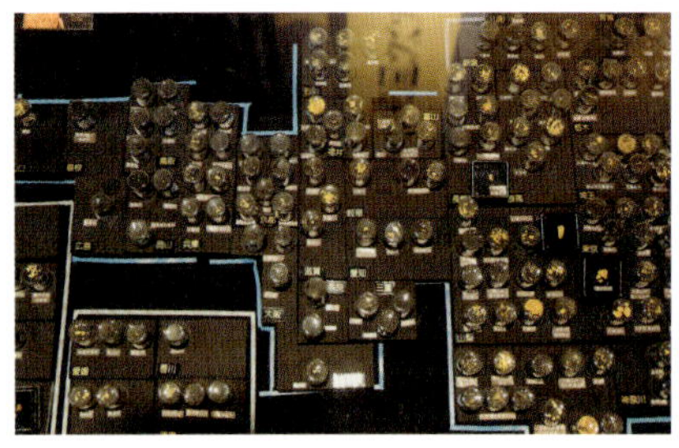
⑨**日本砂金地図**　全国各地で産出した砂金が都道府県ごとに並べられている

による精錬が再現されており（⑧）、戦国時代の金鉱石から金を精製するまでの工程が具体的にわかる。

その他の見どころとして、日本全国の砂金を網羅した砂金地図も展示されている（⑨）。どの県の河川でどんな大きさの砂金が出たのか、一目でわかる。また、この隣には武田領内で使用された金貨、「甲州金」のコレクションも並べられている。これらも当館でしか見学できない貴重なものである。

鉱床・鉱物　白色石英を主体とする金鉱石

鉱山周辺の地質は約1500万年前の新第三紀中新世の玄武岩および泥岩と両者を貫く閃緑岩からなる。金鉱床は泥岩の割れ目を埋めて生成した鉱脈型鉱床であり、閃緑岩の貫入にともなって形成されたと考えられている。白い石英を主体とする鉱脈であり、少量の黄鉄鉱などがともなわれる。大きいサイズの自然金が含まれる場合もあるが、肉眼ではわからないほど微細なサイズのものが多い。

地表付近では風化の影響を受けて鉱脈が褐色を呈している。この部分の金の含有量が高く、1tあたり数十～100gほど含まれていたとされる。また、金に対して銀の割合が少ないことも特徴だ。

歴史　戦国時代に金山衆の活躍により発展した金山

湯之奥金山は戦国時代の1500年頃から露頭掘りによる採掘が始まったとされる。穴山氏の支配下の金山衆と呼ばれる金山の技術者集団により経営が行われていた。

永正18（1521）年に武田氏により甲斐国が統一され、さらに天文10（1541）年には武田信玄が国主となって、領内の金山が積極的に開発された。湯之奥金山を含めて多額の産金があり、その多くが領国貨幣である「甲州金」に姿を変えた。しかし武田氏は天正10（1582）年、織田信長により滅ぼされた。なお、額面がついた甲州金が使用されたのは武田氏滅亡後のことである。

武田氏滅亡後は徳川家康のもと採掘が続けられ、江戸時代初期の寛文5（1665）年頃に最盛期を迎えた。しかし間もなく鉱石が枯渇し、貞享3（1686）年には金山衆は山を下りた。1700年代にも試掘が何度か行われたが不成功に終わり、完全に閉山となった。

土肥(とい)金山

市指定史跡

伊豆半島ジオパーク

世界最大級の金塊と坑道を楽しむテーマパーク

国内有数の金鉱地帯で最大規模の金鉱山

静岡県の東端部にある伊豆半島は、プレートの移動と火山活動により生み出された半島である。今からおよそ60万年前、フィリピン海にのっていた火山島が本州に衝突して形成された。この大地の動きにより豊かな自然や景観、温泉などがもたらされ、半島一帯が全国的に有名な観光地として人気を集めている。

伊豆半島は国内有数の金鉱地帯としても知られており、かつて60あまりの金鉱山が存在した。いずれも100万～200万年前の火山活動にともなって形成された浅熱水性の金銀鉱床だ。江戸時代から昭和の終わり頃にかけて長期間におよんで採掘が続いていたが、今ではすべて閉山している。これらの中で最大の金産出量を誇った金鉱山が伊豆市にあった土肥金山だ。大正6（1917）年から昭和40（1965）年までの累計産出量は金18.4tに達し、国内の金山では10位台にランキ

Data

【所在地】静岡県伊豆市
【施設】土肥金山　0558-98-0800
【営業・見学】9時～17時・定休日なし／入場料（個人）：大人1000円、砂金採り体験料：1000円
【主な産出物】金・銀
【操業・歴史】天正5（1577）年～昭和40（1965）年

①土肥金山全景　鉱山跡に建てられたテーマパーク。駐車場のあたりにはかつてズリ山が存在した

②鉱山施設跡　石垣の上に選鉱場などの鉱山施設が数多く立ち並んでいた

③砂金採り体験場　水槽の幅は広く、1列で約25人が同時に体験できる

ングされる。

鉱山跡地は市の西部、駿河湾に面した土肥港付近の平地にある。閉山後、「金」のテーマパークに改装され、砂金採り体験および坑道と資料館の見学が主な見どころになっている（①）。また、山側には鉱山施設の遺構が残されている（②）。最近の金価格の高騰で砂金採りが人気となっており、ここでは一攫千金を夢見る体験が味わえる。

“純金”が採れる砂金採り体験

砂金採りの体験場は、本館のすぐ裏手にある砂金館だ。内部には縦長の大きな水槽が5列あり、底にたまった黒い砂の中に砂金が含まれている（③）。用意されたパンニング皿を使用して、底の中から砂金を探し採る体験が制限時間30分で楽しめる。ちなみに水槽の中の水は土肥温泉の湯が使われているため、冬でも温かい。

ここで採れる砂金は直径1mmほどの平らな形をしているのが特徴（④）。正体は人工的につくられた純金だ。初めてなら30分で3粒の砂金が採れれば上出来である。うまい人なら多量に採ることができ、30粒以上に達すると「砂金採り名人」に認定される。

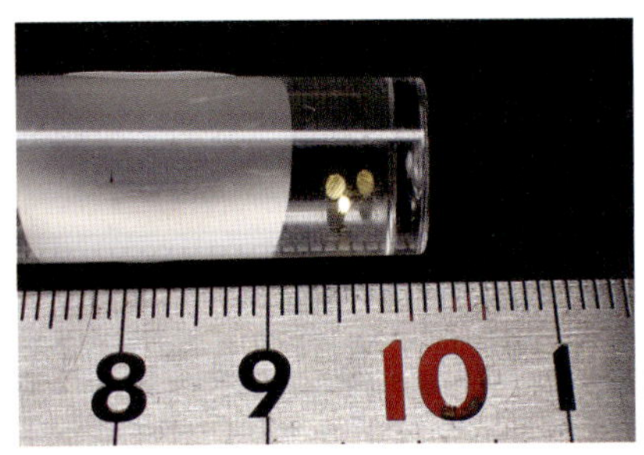

④採れた砂金　三菱マテリアル製の純金が砂金として使われている

江戸時代の採掘風景が再現された坑道

観光坑道として見学できるのは栄進通洞坑で、坑木がきれいに組まれた入口になっている（⑤）。奥には総延長100kmに達する坑道が縦横無尽に掘られているが、入れるのは入口付近の約350mのみ。この観光坑道は昭和47（1972）年にオープンし、佐渡金山に次いで2番目に長い

⑤**栄進通洞坑**　釜の口（坑道入口）に四ツ留（木の枠で組まれた支柱）が再現されている。かつて土肥金山の主幹坑道として活躍した

⑥**江戸時代の作業風景**　唐箕（とうみ）と呼ばれる送風器を回して風を送っている様子

歴史を有している。

近代に掘られた坑道のため、内部はおおむね広々としているが、一部天井の低いところもある。等身大の人形が置かれて江戸時代の採掘風景が再現されており（⑥）、これが坑道内のメインの展示物になっている。トロッコなど、近代以降の採掘で使用された道具類はほとんど展示されていない。

坑道内の一番の見どころは採掘跡の空間だ（⑦）。高さ約10mの空洞になっており、江戸時代の水替作業が再現されている。正面右脇の壁面を眺めると、白い筋状の金鉱脈が見られる。竜が天に昇っていくような姿をしているため「金竜の鉱脈」と名付けられた。

展示資料の目玉は世界最大級の金塊と金鉱石

坑道から出た先にある白い建物が黄金館で、土肥金山の資料館になっている。館内には鉱山道具や貨幣、土肥の町並みや製錬工程を再現したジオラマ、千石船の模型、金鉱石、本物の金塊などが展示されている。江戸時代の資料が中心になっているのが特徴だ。

最大の目玉となる展示物が、世界最大級の巨大金塊だ（⑧）。2024年時点の金価格で計算するとなんと約30億円の価値があり、中に手を入れて触ることがで

⑦**採掘跡に残る金鉱脈**　波状に岩盤を横切る脈が金鉱脈であり、水替作業の展示のすぐ右にある

⑧**世界最大級の金塊**　重さが250kgあり、ギネス記録に認定されている

⑨巨大な金鉱石　きれいな縞状組織を示し、黒い筋の入ったところに金が含まれている

きる。そのほか、12.5kgの金の延べ棒を片手で持ち上げる体験コーナーもある。手頃な大きさを示す金塊だが、重くてほとんどもち上がらない。金がいかに"重すぎる"金属であるかを味わえる。

展示されている鉱石は、三菱金属鉱業（現在の三菱マテリアル）で経営された全国各地の鉱山や伊豆半島のほかの金鉱山のものが多く含まれているが、土肥金山産出の良質なものもある。ぜひ見てほしいのが、屋外に飾られた巨大な金鉱石だ（⑨）。横から眺めると縞模様が美しい。

鉱床・鉱物　縞状の石英脈からなる金銀鉱石

鉱山周辺の地質は新第三紀中新世の安山岩および凝灰岩から構成されている。鉱床は安山岩の割れ目を埋めて生成した浅熱水性の鉱脈型鉱床である。鉱脈は土肥港の周辺に20か所ほどあり、最大のものは長さ約2kmに達した。きれいな縞模様をなす部分が多く存在し、今も展示物や坑道の一部から観察できる。

鉱石は白色の石英を主体としており、黒い筋状の部分に自然金、針銀鉱、濃紅銀鉱、黄銅鉱、方鉛鉱、閃亜鉛鉱、黄鉄鉱などの鉱石鉱物が産出する。いわゆる典型的な銀黒型の鉱石であり、金よりも銀のほうが多く含まれるのが特徴。本鉱山では金に対して7倍ほどの銀が含まれていた。

歴　史　江戸時代と大正・昭和の2度にわたって繁栄

土肥金山は室町時代の1370年代に発見されたと伝えられる。天正5（1577）年から採掘が始まり、江戸時代に入ると徳川家康が開発に力を注ぐようになった。慶長11（1606）年、金山奉行・大久保長安の活躍により産金量が増大し、元和年間（1615～1624年）にかけて隆盛を極めていた。その後は衰退し、寛永2（1625）年に休山になった。

明治39（1906）年、長谷川銈五郎が鉱業権者となり、外国人技師を招聘して探鉱を行った。これに成功し、大正6（1917）年に土肥金山（株）を設立して本格的な採鉱を開始した。高品位鉱石が産出し、珪酸鉱の販売が成功したため、再び繁栄する時代となり国内有数の金山へと発展していった。

昭和6（1931）年に住友の経営下に入り、同16（1941）年に生産量が頂点に達した。昭和17（1942）年には社名が土肥鉱業へ改称されたが、昭和20（1945）年に一時休山し生産量も激減した。戦後間もない時期に住友の系列を離れて独立し、昭和34（1959）年には三菱金属鉱業の系列に加わった。しかし、鉱石の枯渇などが原因で昭和40（1965）年に閉山した。

日本の金属鉱床

Column

日本列島は大陸プレートの上にあり、その下に海洋プレートが沈み込んでいる。この列島の土台は「付加体」と呼ばれる岩石で、海洋プレートが沈み込む際、海底に積もった堆積岩が大陸プレートにくっついて（付加されて）形成された。また、海洋プレートの沈み込みが原因で大陸プレートの地下ではマグマが発生する。

日本の金属鉱床は、このマグマの活動により金属が濃集してつくられたものだ。また、プレート境界という特殊な環境により、多様なタイプの鉱床が生み出された。主なものは「鉱脈型鉱床」「スカルン型鉱床」「火山性塊状硫化物鉱床」「層状マンガン鉱床」の４つだ。

鉱脈型鉱床は名前の通り、有用な鉱物を含んだ脈（鉱脈）から構成される。マグマから分離、または温められた熱水から岩盤の割れ目に鉱物が沈殿して形成される。国内の金属鉱床の半数以上がこのタイプに属し、代表例は佐渡金山、足尾銅山、明延鉱山など。出てくる鉱物も金、銀、銅、鉛、亜鉛、錫など多岐にわたる。

スカルン型鉱床は、石灰岩と花崗岩質マグマが接触し、石灰岩が交代作用を受けて生成されたもの。この際にスカルンと呼ばれる岩石が形成され、柘榴石、単斜輝石、珪灰石などの鉱物をともなう。これらのスカルン鉱物とともに銅、鉄、タングステン等の金属が濃集する。代表的な鉱山は、釜石鉱山、玖珂鉱山などだ。

火山性塊状硫化物鉱床は海底の火山活動で発生する熱水噴出孔で鉱物が沈殿して形成され、成因の違いから黒鉱型と別子型の２タイプが存在する。黒鉱型は新第三紀中新世の時代に背弧海盆の熱水活動により生み出されたもので、鉛、亜鉛を主体とし、金、銀、銅、石膏、重晶石などをともなう。小坂鉱山、花岡鉱山など、東北地方の日本海側に集中している。別子型は、ジュラ紀に中央海嶺の火山活動により生成した鉱床が白亜紀に日本列島に付加して形成された。この鉱床は銅（黄銅鉱）と硫化鉄（黄鉄鉱）を主体としており、苦鉄質岩の中に層状に挟まれているのが特徴だ。代表例がいうまでもなく別子銅山であり、国内最大の規模を誇った。

層状マンガン鉱床は、ジュラ紀または新第三紀中新世に火山活動などの影響でマンガンが海底に堆積して形成された。特にジュラ紀のものが多く存在し、北上山地、足尾山地などの付加体の堆積岩中に挟まれる。野田玉川鉱山が代表的な鉱床だった。

7 展示充実

観光施設として生まれ変わった鉱山跡そのものが、鉱山を紹介する博物館となっていることも多い。坑道内や併設された資料館内に、採鉱道具、鉱山機械、鉱石、トロッコ、写真や古文書など、操業当時の貴重な資料が展示されている。本章では、展示資料が特に充実した6か所の鉱山跡を紹介する。昔の資料を鑑賞しながら、鉱山の技術や文化、歴史などを感じ取ってみよう。

生野銀山

日本遺産
近代化産業遺産
国重要文化的景観

遺構も展示資料も豊富な、日本の近代化と財政を支えた大銀山

Data

【所在地】兵庫県朝来市
【施設】史跡生野銀山　079-679-2010
【営業・見学】4月～10月：9時10分～17時20分、11月：9時10分～16時50分、12月～2月（火曜日定休）：9時40分～16時20分・3月：9時40分～16時50分、入場料：大人1200円
【主な産出物】金・銀・銅・鉛・亜鉛
【操業・歴史】大同2（807）年～昭和48（1973）年

近代鉱山の模範となった国内有数の銀山

日本の鉱業は古くから始まり、戦国時代以降になると地下に坑道が掘られて金、銀、銅などが盛んに採掘されるようになった。江戸時代には主要産業の1つになり、幕府や商人の懐を支えてきた。しかし鎖国政策のため鉱山技術が発達せず、近世レベルのまま幕末に至り、産業革命を成し遂げた欧米諸国と比べるとかなりの後れを取っていた。

明治維新後、新政府は政治や文化、産業などあらゆる分野の近代化を強く推し進めた。殖産興業をスローガンに鉱業の発展に尽力し、佐渡鉱山、小坂鉱山、釜石鉱山など全国の主要鉱山を官営にした。そして、西洋の最新技術の導入やお雇い外国人の招聘により近代的な鉱山へと生まれ変わっていった。この流れのなかで近代化の原点となった鉱山が、兵庫県の生野銀山だ。日本で初めての官営鉱

①**史跡生野銀山全景**　採鉱課事務所があった場所につくられた観光施設。正面には生野鉱山正門門柱が移設されている

②口銀谷地区の見どころ分布図（地理院地図（電子国土Web）を基に作成、2.5万分の1地形図「但馬新井」に対応）

山で、数多くの先端技術がほかの鉱山に先駆けていち早く導入された。

生野銀山は朝来市南部の生野地区（旧生野町）にあり、戦国時代の頃から銀山として栄えていた。佐渡金銀山や石見銀山とともに日本三大銀山の１つに数えられる、国内有数の銀鉱山であった。この地区は生野銀山の町として発展し、今も独特の景観を色濃く残している（②）。鉱山町としては全国で初めて国の重要文化的景観に選定され、さらに鉱山遺構を含めて日本遺産に認定された。

観光施設としてつくられた史跡生野銀山は市川上流の奥銀谷地区にあり（①）、坑道内部や坑外の採掘遺構、3つの展示施設（鉱山資料館、吹屋資料館、生野鉱物館）を見学することができる（③）。特に、展示資料がとても充実しているのが特色だ。坑道や資料館の見学を中心に、日本の近代化に貢献した生野銀山跡をめぐってみよう。

明治時代初期に開発された近代坑道、金香瀬坑

生野銀山の坑道総延長は約350kmに達し、このうち金香瀬坑の入口周辺の約1kmが観光坑道として公開されている。この坑道は明治初期に近代坑道として開さくされ、主力鉱床の１つである金香瀬鉱床群の採掘に大活躍した（④）。ここには鉱石の採掘に使用された機械や設備が見学ルートに沿って展示されている。

おすすめの見どころは共栄立坑で、巻揚機と立坑ケージがセットで保存されている。巻揚機は2つのウィンチが付いた迫力ある大型の機械だ（⑤）。このすぐ先に立坑ケージがあり、地下730ｍまで坑内作業員や鉱石などを運ぶエレベーターとして使われていた（⑥）。今ではたいへんめずらしい現役の立坑ケージで

④金香瀬坑　仏人コアニエの指導により築造されたフランス式のアーチ型の坑口

⑤共栄立坑巻揚機　昭和4（1929）年に東京石川島造船所（現在のIHI）で製造された貴重な機械

⑥共栄立坑ケージ　奥に見える小型のウィンチが動力となって今も使用されている（立入は不可）

⑦天井に見られる鉱脈（慶寿鏈）　黒っぽい部分が閃亜鉛鉱と方鉛鉱で、白い部分が石英。金、銀を含んでいる

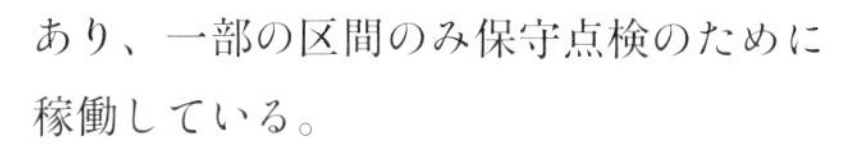

あり、一部の区間のみ保守点検のために稼働している。

観光ルートには慶寿鏈、大丸鏈などの鉱脈に沿って掘り進められた坑道が含まれている。慶寿鏈の坑道では、天井を見上げると金、銀、鉛、亜鉛などを含んだ石英脈を間近で眺めることができる（⑦）。鉱脈が大規模に掘り抜かれたシュリンケージ採掘跡も1か所公開されており、圧巻の眺めを味わえる（⑧）。

近代と近世、2つの時代の採鉱風景を楽しめる

観光坑道内ではさまざまな作業風景が等身大のマネキン人形で再現されており、坑道での主な作業が一通りそろっている。しかも近代と近世の2つの時代のものが展示されているのがここの特徴だ。また、マネキンたちは「銀山ボーイズ」の愛称が名付けられ、生野銀山のPR活動に活躍している。

近代のほうではさく岩、スラッシング、サンドスライム充填、発破、ボーリング、ローダー積み込みなど、多くの作業風景を目にすることができる。坑道内での鉱

⑧シュリンケージ採掘跡　下から鉱脈を採掘した跡で、高さ10ｍ以上もある縦長の空洞となっている

⑨運搬作業の再現　鉱石を積んだ角型1t鉱車を蓄電池機関車で運ぶ様子

⑩たぬき掘りの坑道　上の四角い穴がたぬき堀りの坑道で、これが掘られていた場所に後から近代坑道が開さくされた

石や人員の輸送には坑内軌道が利用され、当時使われた蓄電池機関車や角型1t鉱車、人車なども飾られている（⑨）。線路は、観光ルート上ではほぼすべてが撤去されていて、出口付近などに残るのみとなっている。

近世の江戸時代における手掘り、送風、排水、選鉱、測量などの作業風景は、出口近くの坑道内に復元されている。中でも見せ場となるのがたぬき掘りの坑道（⑩）。人間一人がやっと入れるほどの小さな穴で、きれいに四角に掘られている。近代坑道と近世のたぬき掘りの穴があちこちで共存するのは、めずらしい光景だ。

観光坑道の外に残る貴重な採掘遺構

金香瀬坑の脇を流れる大谷川の上流には、慶寿鏈や大丸鏈などの鉱脈が露出している。近世以前にこれを採掘した遺構、金香瀬旧坑露頭群が史跡として保存されており、地表付近を採掘した露天掘り跡や坑道を、大谷川に沿った坑道外コースから見学できる。

最大の目玉となる遺構が慶寿鏈の露天掘り跡で、道路を挟んで北と南に分かれている。この鉱脈は生野銀山の中でも銀と亜鉛の品位が高く、自然銀を含有する良質な銀鉱石が産出した。北側のほうは鉱脈の部分のみ掘り抜かれ、地表に沿って大きな溝が形成されている（⑪）。一方の南側は山全体がV字型に割れた姿になっており、まるで佐渡金山の道遊の割戸のミニバージョンだ（⑫）。

⑪慶寿鏈の露天掘り跡（北側）
慶寿の堀切りと呼ばれ、戦国時代に発見された慶寿鏈を地表から採掘した

⑫慶寿鏸の露天掘り跡（南側） 鉱脈に沿って掘り抜かれており、生野銀山のシンボル的な史跡として保存されている

⑬辰巳坑 たぬき掘りで掘られた坑道の１つで、入口は鉄格子で封鎖されている

大谷川沿いには出賀坑、辰巳坑、荒木坑、大丸坑、大亀坑など10か所ほどの近世の坑口が残されている。多くがたぬき掘りで掘削された小さな坑道だ（⑬）。また、慶寿鏸と比べると小さいが大丸鏸や金盛鏸の露天掘り跡も見られ、鉱脈が溝状に掘り抜かれている。粘土断層と呼ばれる、北東-南西向きに走る大きな断層も眺めることができる。

鉱物標本を中心に非常に充実した展示資料

史跡生野銀山には3つの展示施設があり、生野銀山に関するあらゆる資料が展示されている。また、屋外にはローダーやトロッコ、明延鉱山で使用された電気機関車、一円電車あおば号、書類運搬車も保存されている。資料数が非常に多く充実しているのがここの特徴だ。

まずおすすめしたいのは生野鉱物館。生野銀山の歴史、採鉱から製錬までの工程、町並みや文化などがパネルで詳しく紹介されている。生野銀山産出の鉱物標本が目玉で、609点にもおよぶ藤原寅勝コレクションと155点の小野治郎八コレクションを中心に、ものすごい数の鉱物標本が陳列されている（⑭）。生野鉱や桜井鉱など、生野銀山を原産地とする新鉱物もある（⑮）。

鉱山資料館のほうには、江戸時代の絵

⑭藤原寅勝コレクションの展示 生野鉱業所地質課に勤務した故藤原寅勝氏により寄贈された鉱物標本

⑮桜井鉱とモースン鉱 どちらも錫を含む硫化鉱物で、桜井鉱は昭和40（1965）年に新種の鉱物として発表された

⑯生野銀山鉱山模型　江戸時代の慶寿䤵の坑内略図を参考に制作された特大の模型

図や古文書、操業当時の写真、雁木はしごやふいごなどの鉱山道具、鉱石などが収蔵されている。一押しの展示物は、生野銀山鉱山模型（⑯）。江戸時代のさまざまな作業が地上から地下に至るまで再現されており、地下ではアリの巣のように掘り込まれている様子もよくわかる。

吹屋資料館では、江戸時代における銀製錬の作業工程が等身大の人形により忠実に再現されている（⑰）。この工程は（1）素吹、（2）真吹、（3）南蛮絞、（4）荒灰吹、（5）上銀吹の5つに分かれており、

⑰吹屋資料館の内部　江戸時代の銀製錬が5つの工程に分かれて等身大の人形により再現されている

これらの作業を経て幕府に献上する上納銀がつくられた。

生野の町の中を走っていたトロッコ軌道跡

生野銀山では、鉱石や資材などの輸送にトロッコ軌道が活躍した。上流の奥銀谷地区と下流の口銀谷地区の2か所にあり、前者は金香瀬坑から鉱山本部、後者は太盛の本部から支庫（旧生野駅）までを結んでいた。現在も市川に沿って軌道跡が残り、それぞれ見学することが可能だ。

おすすめは口銀谷地区に残る軌道跡。明治時代に馬車鉄道として開業し、大正9（1920）年に電化された。三菱鉱山電車線とも呼ばれており、アメリカ製の電気機関車に牽引された15両編成の鉱車が走っていた。トラック輸送に切り替わる昭和30（1955）年まで使用された。

この地区の中心部、姫宮神社の参道入口にかかる橋が見学スポットになっており、川に張り出した軌道跡を眺めることができる（⑱）。特にアーチ型に積まれた石垣が目玉であり、周囲の地形と調和

⑱軌道跡（口銀谷地区）　連続したアーチが特徴的で、土木遺産として高い評価を受けている

⑲軌道跡（奥銀谷地区） 水平の道が軌道跡で、正面に見える岩盤には坑道が開いている

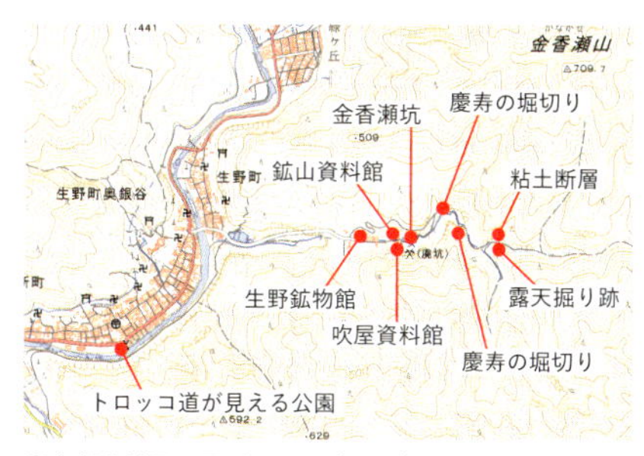

③奥銀谷地区の見どころ分布図（地理院地図（電子国土Web）を基に作成、2.5万分の1地形図「但馬新井」に対応）

した絶景を味わうことができる。また、軌道跡が遊歩道として整備されており、レールも再現されている。鉄道好きには特におすすめしたい場所だ。

奥銀谷地区では県道脇に「トロッコ道が見える公園」が整備されており、対岸に石垣でできた軌道跡が残る（⑲）。このトロッコ軌道は明治4（1871）年頃に整備され、昭和4（1929）年まで使用されたものだ。軌道跡のすぐ上にそびえ立つ岩盤には、緑珠鉧を採掘した坑道が開いている。軌道跡と採掘現場の跡を同時に味わえる、素晴らしいポイントである。

昔の面影が保存された生野の鉱山町

生野は中世の時代から鉱山町として発展し、「カラミ石」を使った鉱山独特の景観が生み出された。今も町の中には江戸時代の屋敷や寺院、さらに明治時代に建てられた洋風建築物など、歴史的な建物が数多く残されている（⑳）。当時の町並みがそのまま保存されているため、平成26（2014）年に国重要文化的景観に選定された。

貴重な建物のうち吉川邸、浅田邸など4か所で、無料で内部が公開されている。

⑳生野の町の様子　江戸時代から続く昔ながらの町並みが残されている

㉑旧生野鉱山職員宿舎　正面の2階建てが甲20号社宅で、三菱経営の時代に建築された

吉川邸は生野まちづくり工房井筒屋として、まちづくりの拠点施設に利用されている。また、生野書院は史跡資料館となっており、鉱山旧記などの古文書や生野町絵図などが展示されている。町歩きを楽しみながら、歴史あふれる鉱山町の雰囲気を味わうことができるだろう。

旧生野鉱山職員宿舎もおすすめだ(㉑)。鉱山の幹部向けの社宅で、明治時代に建てられた貴重な建築物。17棟のうち5棟が現存し、この中の3棟が官営鉱山時代の明治9（1876年）年に、残り2棟は三菱が経営した時代に建築された。

社宅の内部は明治、大正、昭和の状態でそれぞれ復元されており、当時の生活様式の変遷をたどることができる。さらに甲7号棟は生野出身の名優、志村喬氏の記念館となっており、出演作品の資料や遺品などが展示されている。

鉱床・鉱物　70種類以上の鉱物が産する多金属型の鉱脈鉱床

生野銀山周辺の地質は主として白亜紀の火山岩（流紋岩、デイサイト、安山岩、玄武岩）および堆積岩（凝灰岩、砂岩、泥岩）から構成されており、古第三紀の安山岩が貫入している。鉱床はこれらの岩石の割れ目を埋めて生成した多金属型の鉱脈鉱床であり、金、銀、銅、亜鉛、鉛、錫などのさまざまな金属が含まれる。

鉱脈は東西約5km、南北約4kmの範囲内に70か所以上存在し、西から東に大盛鉱脈群、金香瀬鉱脈群、青草鉱脈群の３群に分けられる。また鉱脈内では金属の累帯分布が認められ、地下深部から地上に向かって錫-タングステン帯、銅帯、銅-亜鉛帯、亜鉛帯が分布する。帯に応じて構成鉱物が異なる特徴を有する。

鉱石鉱物は黄銅鉱、閃亜鉛鉱、方鉛鉱、黄鉄鉱を中心に硫砒鉄鉱、磁硫鉄鉱、錫石、鉄重石、黄錫鉱、褐錫鉱、自然蒼鉛、輝蒼鉛鉱、マチルダ鉱、自然金、針銀鉱、濃紅銀鉱などがともなわれる。脈石鉱物としては石英、蛍石、重晶石、方解石、氷長石などが産出する。これらの鉱物の総数は70種類以上にも達し、さらに日本産新鉱物として生野鉱、桜井鉱、ペトラック鉱の3種が発見されている。

歴　史　銀の生産により長きにわたって日本の財政を支えた

生野銀山は平安時代初期の大同２（807）年に露頭が発見されたと伝えられる。戦国時代の天文11（1542）年から銀山として本格的な開発が始まり、永禄10（1567）年には良質な銀鉱脈、慶寿鏈が発見された。天正6（1578）年に織田信長、さらに本能寺の変後は豊臣秀吉の支配下となり、彼らの懐を潤す強力な財源となった。

慶長5（1600）年、関ヶ原の戦いで勝利した徳川家康は銀山奉行を置いて支配させた。盛んに銀の採掘が行われ、徳川幕府の財政を支えた。享保元（1716）年には生野代官所が置かれたが、幕末の頃になると停滞した。

明治元（1868）年、日本初の官営鉱山となり、フランス人技師コアニエの指導により近代的な経営が開始された。明治22（1889）年に宮内省御料局の所管へ移され、明治29（1896）年には三菱合資会社へ払い下げられた。以後は三菱の手により盛大に操業された。約80年続いたが、鉱石の枯渇等により昭和48（1973）年に閉山した。

日立鉱山

近代化産業遺産

工業都市・日立市発展の原点となった銅鉱山

Data

【所在地】茨城県日立市
【施設】JX金属グループ 日鉱記念館 0294-21-8411
【営業・見学】9時〜16時（休館日：毎週月曜、祝日、年末年始、10月第2週の金曜日）／無料
【主な産出物】銅・硫化鉄鉱
【操業・歴史】寛永2（1625）年〜昭和56（1981）年

日立製作所の源流となった日本有数の銅山

日立（日立製作所）といえば日本を代表する総合電機メーカーの1つだが、この企業が鉱山で使う機械の修理工場から創業したことはあまり知られていない。その鉱山こそ、茨城県日立市にあった日立鉱山だ。社名はもちろん、鉱山名も当地の村名「日立村」に由来している。

日立鉱山は日本を代表する巨大な銅山で、かつては日本三大銅山の1つに数えられた。産銅量は約44万tに達し、足尾銅山、別子銅山に次ぐ国内第3位の量だ。日立鉱山から日立製作所が生まれ、鉱業と工業の両面から日本の経済成長に貢献した。

日立鉱山跡は市内の中央を流れる宮田川の上流、ちょうど分水嶺近くにある。この付近は本山と呼ばれ、かつて採鉱の中心地であった。鉱山施設の大半が解体されたが、跡地には、日立鉱山を源流とするJX金属グループの企業博物館であ

①日立鉱山の大煙突　日立市の象徴的な存在だったが、倒壊により1/3が残るのみとなっている。JX金属日立事業所の敷地内にあり、県道脇から眺めることができる

②2つの竪坑　手前側が第1竪坑で、奥にそびえるほうが第11竪坑。両者とも深度が約600ｍある

る「日鉱記念館」が開館している。日立鉱山開業から今日に至るまでのJX金属グループの歴史をはじめ、当時使用されていた竪坑や鉱山機械なども展示している。

2つの竪坑櫓が見どころとなる鉱山遺構

日鉱記念館の敷地内には本館と鉱山資料館の2つがあり、第1竪坑、巻揚機室、栄斜坑などの遺構が残されている。一番の見どころとなる遺構は2つの巨大な竪坑櫓だ（②）。炭鉱と比べると鉱山では櫓の組まれた竪坑は少なく、しかも現存かつ見学できる場所はほとんどない。ここでは、第1竪坑と第11竪坑が同時に並んだ圧巻の光景が味わえる。

第1竪坑のほうは巻揚機室とケージがセットで公開され、巻揚機室には巻揚機やワイヤーなどの設備が当時のままの姿で保存されている（③）。鉱石や人員などの昇降に使用され、閉山するまで鉱山の大動脈として活躍した。

電気機関車や蓄電池機関車、自走式長孔さく孔機などの車両も展示されている。この中で最もレアなものが明治時代に日立製作所で製造された電気機関車だ（④）。このタイプでは現存する唯一のもので、見学できるのはここだけである。

貴重な鉱山機械が飾られている鉱山資料館

鉱山資料館には、日立鉱山で活躍したさまざまな機械が展示されている（⑤）。浮選機、さく岩機、測量機器、タービン

③巻揚機室　巨大な巻揚機はアメリカ製で、第1竪坑内でケージの昇降に利用された

④日立製作所製の電気機関車　13号と名付けられ、昭和35（1960）年まで専用電気鉄道や製錬所内での輸送に活躍した

⑤**鉱山資料館**　昭和19（1944）年に建てられた木造のコンプレッサー室が、資料館として保存されている

ポンプ、試錐機など多岐にわたり、ここでしか見ることができない貴重なものも含まれる。特に注目したいのは450馬力の空気圧縮機だ（⑥）。さく岩機などの動力源となった圧縮空気を生み出す装置で、その巨大さに驚かされる。

さく岩機のコレクションも見どころで、世界7か国で製造された159点が飾られている（⑦）。明治39（1906）年に導入されたアメリカ製のものから日立製作所製まであり、その変遷をたどることができる。また、資料館の一角には鉱石標本室があり、日本鉱業（現JX金属）が経営した日本各地や世界の鉱山の鉱石が鉱種ごとに陳列されている。その数は

⑥**450馬力空気圧縮機**　大正7（1918）年に製造され、閉山まで63年間使用された。日立製作所製の電動機と一緒に展示されている

約400点にもおよび、さまざまな種類の鉱物を眺めることができる。

充実した展示資料と模擬坑道が味わえる日鉱記念館

日鉱記念館の本館では日立鉱山の歴史、仕事、鉱山町の暮らし、煙害問題などについて、パネルと関連資料でボリュームたっぷりに解説されている。なかでも一押しの展示物が日立鉱山産出の鉱石だ。黄銅鉱、黄鉄鉱を中心にさまざ

⑦**さく岩機コレクション**　展示数は日本一で、世界的にも貴重なコレクションとなっている

⑧**日立鉱山産黄鉄鉱**　学校沢鉱体で産出した硫化鉱石で、縞模様の褶曲構造が特徴

まな鉱物が展示されている。特に目ぼしいものとして、褶曲構造を示す変わった鉱石（⑧）や、巨大な結晶を示す黄鉄鉱などがある。

日立鉱山の坑道は一般向けには公開されていないが、本館の地下に模擬坑道がつくられ、坑内の様子が実物機械と等身大の人形で再現されている。坑道に入った気分を味わいながら、手掘りやさく岩機による採掘、トロッコへの積み込み（漏斗抜き）などの作業風景を目にすることができる（⑨）。

⑨漏斗抜きの再現　漏斗から鉱石をトロッコへ積み込む様子が再現されている

鉱床・鉱物　5億年前に形成された日本最古の金属鉱床

日立鉱山周辺には古生代カンブリア紀から石炭紀の地層が分布しており、泥質片岩、緑色片岩、角閃岩、雲母片岩、珪質片岩、大理石などの変成岩から構成されている。また、北方にはカンブリア紀および白亜紀の花崗閃緑岩が分布している。特にカンブリア紀の地層は日立変成岩と呼ばれ、約5億年前の国内最古のものとして知られている。

鉱床は主としてカンブリア紀の珪質片岩や角閃岩、緑色片岩などの中に挟まれた層状の塊状硫化物鉱床である。本坑、赤沢、高鈴など8つの主要鉱床からなる。最近の研究により、約5億年前に形成された日本最古の鉱床であることが判明した。

鉱石は黄銅鉱、黄鉄鉱を主体とし、少量の磁硫鉄鉱、磁鉄鉱、閃亜鉛鉱、方鉛鉱などがともなわれる。脈石鉱物としては石膏、緑簾石、菫青石、方解石などが産出する。また不動滝鉱床から新鉱物、日立鉱が発見され、平成30（2018）年に国際鉱物学連合から正式に認定された。

歴　史　久原房之助の手により日本三大銅山へと成長

詳しい発見の年代は明らかになっていないが、寛永2（1625）年頃から銅の採掘が行われるようになった。当初は赤沢銅山と呼ばれ、水戸藩や商人などの手により採掘された。しかし鉱毒問題がそのつど発生したため、大きく発展することなく終わった。

明治維新を迎えた後も依然として停滞していたが、明治34（1901）年に赤沢鉱業合資会社が組織され、近代的な経営が開始された。明治38（1905）年、久原房之助が買収して日立鉱山と改名。西欧の最新技術を導入して大規模な開発を行い、ほぼ同時に有望な鉱床も発見されたため、わずか数年の間に日本有数の銅山へと成長した。

大正元（1912）年には個人経営から久原鉱業に改組され、さらに大正9（1920）年には日立製作所が完全に独立した。昭和4（1929）年には日本鉱業の経営となり、昭和の戦前戦後の2回にわたって全盛期を迎えた。しかし銅鉱石の枯渇や貿易の自由化などの影響により、昭和56（1981）年に閉山した。

ほそくら
細倉鉱山

近代化産業遺産
栗駒山麓ジオパーク

坑道・鉄道・展示資料などがバランスよく見学できる亜鉛と鉛の鉱山跡

Data

【所在地】 宮城県栗原市
【施設】 細倉マインパーク　0228-55-3215
【営業・見学】 3月〜11月：9時30分〜17時、12月〜2月：9時30分〜16時（休園日：毎週火曜、年末年始）／入場料：大人500円
【主な産出物】 鉛・亜鉛
【操業・歴史】 天正年間（1573〜1592年）〜昭和62（1987）年

観光施設に生まれ変わった国内第3位の亜鉛・鉛鉱山

亜鉛と鉛は日本を代表する金属資源の１つで、採掘すると一緒に出てくるのが特徴だ。亜鉛・鉛の鉱山では、同じ鉱石の中に閃亜鉛鉱（亜鉛の鉱石）と方鉛鉱（鉛の鉱石）が共生する産状をよく見かける。鉛の歴史は古く、1000年以上昔の奈良時代にはすでに利用されていたが、亜鉛の生産はわずか100年ほど前の明治時代からだ。この2つの金属は平成18（2006）年まで採掘が続いたが、今ではすべてを輸入に頼っている。

銅山ほどではないが、かつては亜鉛・鉛鉱床も数多く存在し、全国各地に点在していた。しかし意外にも、金山や銅山のように坑道内部を見学できる鉱山跡がほとんどない。数少ない例が、宮城県北西部の栗原市に所在した細倉鉱山だ。日本を代表する亜鉛・鉛の巨大鉱山で、岐阜県の神岡鉱山、北海道の豊羽鉱山に次いで国内第3位の規模を誇った。

①**細倉マインパーク全景**　本鉱山で最大の見どころになる観光施設。かつての感天通洞坑跡につくられた

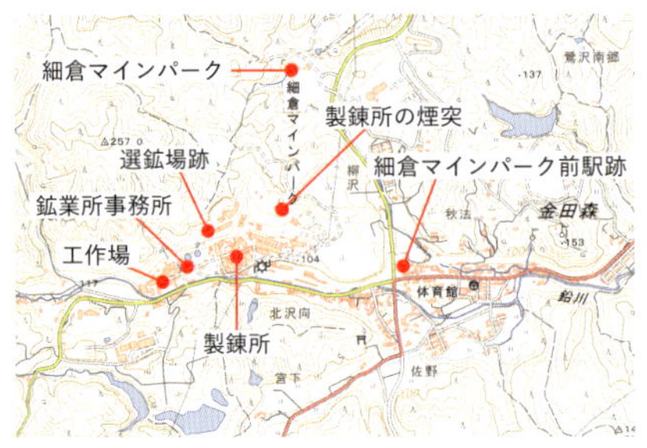

②**見どころ分布図**（地理院地図（電子国土Web）を基に作成、2.5万分の1地形図「岩ヶ崎」に対応）

③**感天通洞坑**　出口（左側）がもともとの坑口であり、入口（右側）は観光坑道として整備される際に掘られた

細倉鉱山跡は栗原市西部の鶯沢（うぐいすざわ）地区（旧鶯沢村）にあり、操業当時は鉱山町として大いに栄えた。閉山後に坑道の一部が観光施設に改装され、平成2（1990）年に細倉マインパークとしてオープン（①）。ただし、製錬所のみ操業が続き、リサイクル資源を原料として鉛が今も生産されている。ここは坑道の見学を中心に、鉱石などさまざまな展示資料、鉄道、廃墟などバランスよく見学できるのが特色だ（②）。

近代の採鉱風景が一通りそろった坑道

総延長約600kmある坑道の中で、777mが観光用に改装されている。入口は主要坑道の1つ、感天通洞坑で、細倉マインパークの受付兼売店のすぐ裏手にある（③）。坑道内では近代の採鉱に関する展示や遺構を一通り見学することができ、主なものとして坑内事務所、火薬庫、立坑、トロッコや蓄電池機関車等の車両、シュリンケージ採掘跡などがある。

一番の見どころは、発破作業を再現したコーナーだ。スクレーパーとローダーがセットになって発破地点の作業風景がリアルに復元されている（④）。点火スイッチを押すと発破の瞬間を光と音で体感できる。すぐ隣には実際の採掘跡にさく岩作業が再現され、さく岩機を使った

④**発破作業の再現**　この奥が発破地点。発破後の鉱石はスクレーパーで手前に集められ、さらにローダーでトロッコに積み込まれた

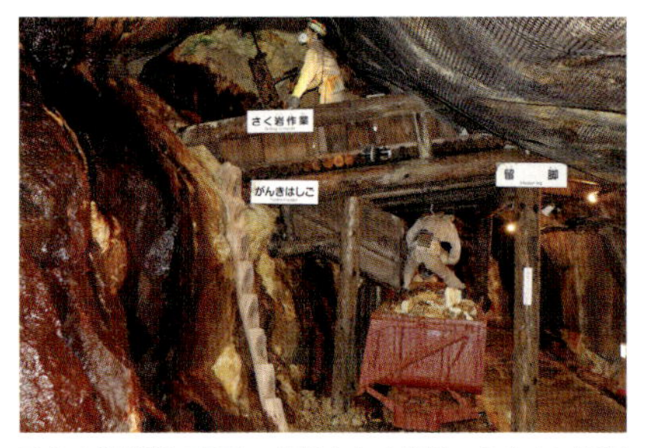

⑤**さく岩作業の再現**　鉱脈をさく岩機で上向きに採掘する作業を再現。鉱石は木製の漏斗を通してトロッコへ積み込まれた

⑥シュリンケージ採掘跡　鉱脈を上向きに採掘した跡で、高さは20m以上

⑦感天立坑　細倉鉱山で3番目に長い立坑。長さは垂直方向に約400mある

採掘の様子がわかる（⑤）。

亜鉛・鉛の鉱脈は、シュリンケージ採掘法と呼ばれる方法で採掘された。坑道の奥のほうに、この手法で上下に掘られた跡を観察することができる。天井を見上げると縦長に見事に掘り抜かれていて、巨大な割れ目が形成されている（⑥）。下のほうは細長い谷になっており、スケール感の大きさが味わえる。

地下で作業員の垂直移動に活躍したのが立坑だ。シュリンケージ採掘跡を過ぎると、感天立坑を目にすることができる（⑦）。ここでケージと呼ばれるエレベーターに乗って移動していた。脇には坑内全体の作業風景が展示されている（⑧）。立坑の役割が模型で再現されており、鉱石の採掘から選鉱場への運搬過程を目で追うこともできる。

細倉鉱山産出の貴重な鉱石が見られる展示室

マインパークの敷地内には細倉鉱山資料展示室が設置され、鉱石と歴史資料を中心に展示されている（⑨）。操業当時の写真、鉱山町のジオラマ、坑道内で使

⑧坑内作業風景の断面模型　鉱石の採掘から運搬までを断面模型で再現しており、模型の一部が動くようにつくられている

⑨細倉鉱山資料展示室の様子　手前に歴史資料、奥に鉱石が展示されている

⑩江戸時代の鉛製錬を再現した模型　文政7（1824）年に導入された生吹法と呼ばれる製錬方法が復元されている

⑪亜鉛・鉛鉱石　左側はきれいな縞状組織を示し、右側は黒色の閃亜鉛鉱の塊からなる鉱石

用された道具、近世の採掘・製錬を再現した模型などもある。江戸時代の鉛の製錬を等身大の人形で再現した模型は貴重で、ここでしか見ることができない（⑩）。採掘の始まりから閉山に至るまでの長い歴史も、詳しく知ることができる。

ここで一押しの展示物はやはり、細倉鉱山産出の鉱石だ（⑪）。閃亜鉛鉱、方鉛鉱、黄鉄鉱、水晶、方解石などさまざまな鉱物が並べられ、きれいな縞模様を示す亜鉛・鉛の鉱石や美しい結晶の水晶や方解石が楽しめる。中でもめずらしい鉱物は輝安鉱であり、鉛色に輝く針状結晶が見られる（⑫）。ほかにも宮城県内や国内各地で採取された鉱石も展示されている。

⑫輝安鉱　昭和32（1957）年6月に昭光鐘で採取されたもの。針状結晶が特徴の鉱物

鉱山で活躍したさまざまな鉄道車両

細倉鉱山では、鉱石や物資などの輸送に鉄道が活躍した。かつて鉱山内には軌間500mmの線路が敷かれ、外では鉄道路線（くりはら田園鉄道線）が引かれて東北本線石越駅と結ばれていた。細倉マインパークおよび細倉マインパーク前駅跡に、さまざまな車両が保存されており、鉄道好きも楽しめる。

細倉マインパークには、坑道内での鉱石や人員の輸送に使われたガソリン機関車、蓄電池機関車、1t角型鉱車、グランビー鉱車、人車、ローダーなどが数多く展示されている（⑬）。特に貴重な車両がガソリン機関車だ（⑭）。このタイプの機関車は昭和の中頃以降、全国的に使われなくなったため、今では非常にめずらしく、見学できる場所もここだけである。

細倉マインパーク前駅跡には駅舎とともに電気機関車ED202と有蓋緩急貨車ワフ71が保存されている（⑮）。ED202は昭和25（1950）年に東洋工機で製造

⑬**坑道内の車両展示** 右から順にローダー、1t鉱車、1m³グランビー鉱車、2t蓄電池機関車

された凸型の電気機関車で、鉱山の貨物輸送に大いに活躍した。

製錬所を中心とする 現役の施設と選鉱場の廃墟

盛時には旧細倉駅を中心に鉛川に沿って鉱山町が形成され、社宅をはじめ数多くの建物が林立していた。多くが解体されてしまったが、製錬所を中心とするエリアのみ当時の姿が残る。この区域には製錬所、選鉱場の廃墟、事務所、分析場、工作場および古い住宅などが分布し、敷地内へは入れないが公道から眺めることが可能だ（⑯）。

最大の目玉が製錬所。細倉鉱山を代表する巨大な施設で、道路に沿って圧巻の光景が広がっている。亜鉛の製錬設備などは解体されたが、鉛の製錬のみ現役で続いている。大型の煙突や工場建屋など、当時の設備が今も稼働している姿が見られる。

旧鉱業所事務所の周辺にも多くの見ど

⑭**2tガソリン機関車** 浅野物産製の機関車で、後ろは8人乗り人車と横開け鉱車

⑮**細倉マインパーク前駅跡の車両展示** 手前が電気機関車ED202で、奥が有蓋緩急貨車ワフ71

⑯**製錬エリアの全景**　奥にそびえる煙突周辺が製錬所。手前には旧鉱業所事務所と選鉱場跡の遺構が見られる

ころがある。この建物は昭和9（1934）年に竣工した歴史的な建築物であり、今も細倉金属鉱業の総合事務所として使われている。このすぐ裏手には、巨大な選鉱場跡が存在する。鉱石の選別作業が行われた施設の跡で、斜面に沿ってひな壇状に築かれたコンクリート基礎や廃墟が見られる。また、事務所の左隣には分析場、工作場などの操業当時の面影を感じられる建屋が残されている。

鉱床・鉱物　100以上の鉱脈から構成される亜鉛・鉛鉱床

細倉鉱山周辺の地質は主として新第三紀中新世の火山岩（安山岩、デイサイト）および堆積岩（凝灰岩、泥岩）から構成されている。鉱床は主として安山岩および凝灰岩の割れ目を埋めて生成した鉱脈型鉱床であり、亜鉛・鉛を主体として金、銀、銅が含まれる。採掘の対象となった鉱脈の数は160か所以上に達する。

鉱脈を構成する鉱物は基本的には閃亜鉛鉱、方鉛鉱、黄鉄鉱、石英からなり、黄銅鉱、ウルツ鉱、白鉄鉱、蛍石、方解石がしばしばともなわれる。これらの鉱物の組み合わせからきれいな縞状や同心円状を示す鉱石が特徴的に産出した。このほかにも安四面銅鉱、輝安鉱、濃紅銀鉱、菱亜鉛鉱、白鉛鉱、異極鉱などさまざまな鉱物が発見されている。また水晶や紫水晶、方解石の美しい結晶も出ており、鉱物産地として全国的に有名である。

歴　史　三菱の経営により巨大鉱山へと発展

細倉鉱山は平安時代初めの大同年間（806 ～ 810年）に発見されたと伝えられている。採掘は安土桃山時代の天正年間（1573 ～ 1592年）から始まり、当初は銀山として採掘された。江戸時代の寛文年間（1661 ～ 1673年）から鉛山へと変化し、元禄年間（1688 ～ 1704年）および文化・文政年間（1804 ～ 1830年）の2回にわたって繁栄した。

明治23（1890）年に細倉鉱山会社が設立され、西洋の鉱山機械が導入されて近代的な開発が始まった。わずかな期間で国内有数の鉱山へと成長し、明治28（1895）年には鉛の生産量が全国第1位になった。明治32（1899）年からは高田商会の経営となり、明治末期より亜鉛も採取された。大正6（1917）年前後に大盛況となったが、大正12（1923）年の大火災で壊滅的な打撃を受けた。

昭和3（1928）年、共立鉱業の所有となり、同9（1934）年には三菱鉱業（現在の三菱マテリアル）の手に移った。大がかりな設備を投入して経営にあたったため、生産量が飛躍的に増大していった。昭和20（1945）年の終戦にともなって一時的に低迷したが、徐々に回復し、1950年代から再び栄えるようになった。そして1970年代には最盛期を迎え、生産量もピークに達した。しかしその後は鉱石の枯渇や円高などの影響を受けて衰退に向かい、ついに昭和62（1987）年に閉山した。

たいお

鯛生金山

近代化産業遺産

充実した観光坑道と青化製錬所を見学できる九州で最大級の金山跡

Data

【所在地】 大分県日田市
【施設】 地底博物館鯛生金山　0973-56-5316
【営業・見学】 3月～11月：9時～17時、12月～2月：10時～16時30分／入場料：大人1100円
【主な産出物】 金・銀
【操業・歴史】 明治31（1898）年～昭和47（1972）年

産金地帯・九州にあった国内第5位の金鉱山

九州地方は古くから国内屈指の産金地帯であり、福岡県から鹿児島県にかけて多くの金鉱床が分布している。これまでの累積産金量は400t以上にもおよび、九州地方が国内首位に立つ。また本邦第1位の金山、菱刈鉱山（鹿児島県）をはじめ、国内トップテンに入る金鉱山の半数が九州地方に属する。令和の時代においても、菱刈鉱山ほか数か所の金鉱山はまだ現役で操業している。

大分県は鹿児島県に次いで多くの金鉱床があり、県の北部から西部を中心に約20か所の金鉱山が存在した。この中で最大の金山が日田市の鯛生金山だ。累計産出量は金37t、銀160tにもおよび、産金量は国内第5位、九州地方では菱刈、串木野鉱山に次いで3番目にランク付けされる。かつては昭和13（1938）年に金の年間産出量が日本一を記録するなど、国内屈指の金山であった。

鯛生金山跡は日田市南西部の中津江地

①地底博物館鯛生金山全景　かつての金山事務所跡に建てられた観光施設。この奥に最大の見どころ、観光坑道がある

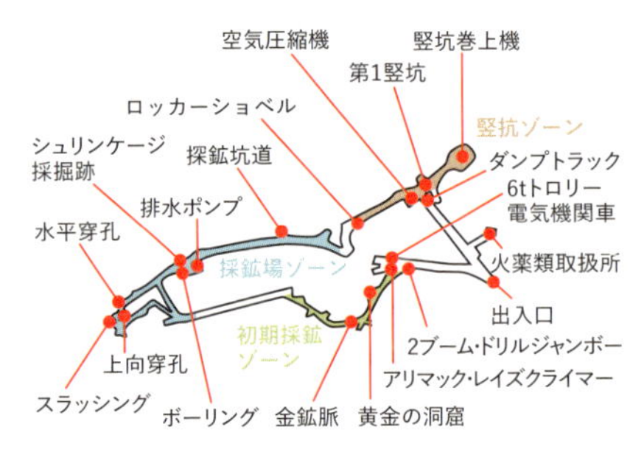

②坑内の見どころ分布図
（パンフレットの坑内図を基に作成）

区（旧中津江村）にあり、ちょうど福岡県との境界付近にあたる。閉山後、坑道の一部が地底博物館としてよみがえり、道の駅に併設された観光施設となっている（①）。坑道の見学がメインで、金山資料館や砂金採り体験場もある。展示が充実した坑道内では、採鉱で使用されたさまざまな機械や作業の再現が楽しめるほか、坑外では解体されずに残る貴重な青化製錬所を見学することができる。

作業風景の再現や採掘設備など見どころが豊富な坑道

鯛生金山の坑道総延長は約110kmにも達する。このうち800mが観光坑道として公開されていて、本鉱山の主力坑道、鯛生坑道の入口周辺の部分に当たる。この坑口は施設の奥にあり、トンネルのような立派な入口が特徴だ（③）。

坑内では金鉱脈の採掘跡、採鉱で活躍した機材や設備類、江戸時代と昭和時代における坑内作業の再現風景を見学できる地点が豊富にあり、非常に充実している（②）。さらに、見学エリアは竪坑ゾーン、採鉱場ゾーン、初期採鉱ゾーンの3つに分けられているのが特徴だ。

竪坑ゾーンの目玉は、第1竪坑とその巻上機。第1竪坑は本鉱山の主要竪坑の1つで、乗り場が保存されている。特に注目すべき点が、国内の観光坑道で唯一、上から望めることだ（④）。垂直に掘られた竪穴が地下に向かって続く様子を眺

③鯛生坑口　観光坑道の入口で、操業当時は鉱石の搬出口になっていた

④第1竪坑　上からのぞいた様子。深さは約510mに達する

⑤**竪坑巻上機**　第1竪坑の立坑ケージを巻き上げるための機械。200馬力の出力があった

⑥**シュリンケージ採掘跡**　空洞の高さは10m以上にも達する

められる。巻上機はこのすぐ隣にあり、広い空洞内に置かれた迫力ある機械を目にすることができる（⑤）。

採鉱場ゾーンでは、金鉱脈の採掘跡が見どころだ。主要な鉱脈であった3号脈がシュリンケージ採掘法で掘り抜かれ、巨大な空洞が形成されている（⑥）。周囲の岩盤では、白い石英脈が無数に走る様子を観察することもできる。また、水平穿孔、ボーリング、スラッシングなどの昭和の作業風景がこのゾーンで復元されている。

初期採鉱ゾーンは江戸時代の採掘、選鉱の展示エリアになっている。等身大の人形による手掘り、水替え、粉砕、ねこ流しなどの作業の様子を復元。金鉱脈もゾーン内の岩盤に数多く露出しており、間近でこれを眺めることもできる（⑦）。

採鉱で活躍した超レアな機械なども展示

坑道内にはさく岩機、スクレーパー、排水ポンプなど採掘で活躍したさまざまな機械が置かれている。これらの機械の多くが圧縮空気を使って動かされていたが、これを生み出した機械が空気圧縮機（コンプレッサー）だ（⑧）。鯛生金山ではモーター、圧縮機、空気槽という貴重な3点セットがそろっている。

ここでしか見られない希少な機械とし

⑦**金鉱脈**　初期採鉱ゾーン内の坑道の天井に、多数の石英脈が観察される

⑧**100馬力空気圧縮機**　右のモーターを動力として真ん中の圧縮機を動かし、つくられた圧縮空気を左の空気槽に蓄えた

⑨アリマック・レイズクライマー　上向きに掘り進むために導入されたスウェーデン製の機械

⑩2ブーム・ドリルジャンボー　台車に乗りながら2台同時にさく岩作業が行える優れた採鉱機械

て、アリマック・レイズクライマーと2ブーム・ドリルジャンボーがある。アリマック・レイズクライマーは高所へ移動するためのモノレールのような乗り物で、作業員はこれに乗って採鉱に従事していた（⑨)。2ブーム・ドリルジャンボーは、台車に2台のさく岩機をセットした掘削装置だ（⑩)。同時に2つの孔を岩盤に開けることができるため、採掘作業の能率向上に貢献していた。

鉱石の輸送に活躍した めずらしい車両

鯛生金山では、坑内間の鉱石輸送には軌道、坑内貯鉱場から坑外の製錬所まではダンプトラックが使われた。観光坑道内には蓄電池機関車、トロリー電気機関車、グランビー鉱車、ロッカーショベル、ローダー、人車などの鉄道車両に加え、ダンプトラックも展示されている（⑪)。特に、鉱石の運搬に活躍したダンプトラックの展示はたいへんめずらしく、ここが唯一だ。

鉄道車両の中で目ぼしいものは、ロッカーショベル（⑫)。通常のローダーとは異なり、ベルトコンベヤーで鉱石を鉱車に積み出すことができる。ほかにも6tトロリー電気機関車があり（⑬)、よその鉱山で使われた車両だが、特製の屋根が取り付けられためずらしいタイプだ。

⑪ダンプトラック　年代物のボンネットタイプのダンプカー。日野自動車製

⑫ロッカーショベル　ローダーと役割は同じだが、ベルトコンベヤー式の積み込み装置が付いているのが特徴

⑬**6tトロリー電気機関車**　三菱電機製の機関車で、愛媛県の佐々連鉱山で使用されていたもの

ここだけに現存する
貴重な産業遺産「青化製錬所」

道の駅鯛生金山の周囲にはかつて、金山事務所、社宅、学校、倶楽部、物品配給所などの建物が立ち並んでいた。最盛期には約3000人の従業員が暮らす鉱山街があったが、閉山後に建物のほぼすべてが撤去された。面影はほとんど残っていないが、金の青化製錬施設、鯛生製錬所のみ建物ごと保存されている（⑭）。

鯛生製錬所は道の駅の手前、反対側の山際にあり、ひときわ目立つ大きな施設がそびえ立っている。この施設では、青化法と呼ばれる湿式製錬方法により金を製錬していた。猛毒で有名な青酸化合物を使って金を取り出す手法だ。この作業を行う青化製錬所は金鉱山とともに全国各地に点在したが、閉山とともにほぼすべて解体された。現存する建屋を見学できる唯一の金山跡が、ここ鯛生金山である。

製錬工場は砕鉱場兼磨鉱場と青化場の2棟からなり、斜面に沿ってひな壇状に築かれている。磨鉱場では鉱石を砕いて細かくする作業が行われ、隣の青化場では細かくつぶした鉱石から金を抽出する工程が行われた。磨鉱場のみ外から内部を見られるようになっており、分級機、ボールミルなど鉱石の破砕作業に使われた機械が当時のまま置かれている（⑮）。産金の作業工程を後世に伝えるたいへん貴重な産業遺産だ。

⑭**鯛生製錬所**　昭和35（1960）年に新設された青化製錬所。左側の建物が砕鉱場兼磨鉱場、右側が青化場

鉱石などの貴重資料が
保存された金山資料館

金山資料館にはパネルによる鉱山解説

⑮**磨鉱場の内部**　正面上に貯鉱ビン、下にコニカルボールミル、左に分級機が置かれている

に加えて、さまざまな貴重資料が保存されている。主な展示物は、鉱石、操業当時の写真や書類、坑道模型、カンテラや坩堝（るつぼ）といった鉱山道具など。

おすすめはやはり、鯛生金山産出の鉱石だ。石英脈を主体とする大型の立派な金銀鉱石や、犬牙状の美しい結晶となった方解石などが飾られている（⑯）。ここではほかにも、菱刈鉱山や大口鉱山など九州地方のほかの金銀鉱山で産出した鉱石も目にすることができる。

⑯方解石　犬牙状の結晶が一面にびっしり生えた１級品の標本

鉱床・鉱物　典型的な浅熱水性の金銀鉱床

鯛生金山周辺の地質は新第三紀中新世の安山岩から主に構成されており、この一部が鮮新世から第四紀の火山岩や火砕岩に覆われている。鉱床は典型的な浅熱水性の金・銀の鉱脈型鉱床であり、安山岩の割れ目を埋めて生成したものだ。東西8km、南北6k mの範囲内に20か所あまりの鉱脈が存在し、3号脈や4号脈などが主脈として採掘された。

鉱石は白色の石英を主体としており、鉱石鉱物として自然金、針銀鉱、閃亜鉛鉱、方鉛鉱、黄銅鉱、黄鉄鉱などがともなわれる。脈石鉱物は石英のほか方解石、氷長石、イネス石、バラ輝石が産出する。また、石英中には銀黒脈が見られ、この部分には著しい量の金、銀が含まれていた。

歴　史　イギリス人の経営により国内有数の金山へと発展

鯛生金山は明治27（1894）年、魚の行商人により発見された。明治31（1898）年から採掘が始まり、大正7（1918）年にはイギリス人、ハンス・ハンターの経営に移った。近代的な設備が導入されて大がかりな採鉱が開始された。産金量も次第に増加し、大正13（1924）年には金の年産量は1tを超えた。

大正14（1925）年にはハンター商会の総支配人、木村鐐之助が経営を引き継いだ。積極的に探鉱を行った結果、新鉱脈の発見が相次いだ。昭和8（1933）年から全盛時代を迎え、昭和12（1937）年には産金量が国内第1位に達した。この当時は3000人の従業員が働くほど大いに繁栄していたが、昭和18（1943）年の金鉱山整備令により休山した。

戦後、昭和31（1956）年に住友金属鉱山との共同出資により鯛生鉱業が設立されて本格的な操業が再開された。昭和35（1960）年には鯛生製錬所が新設され、30年代後半にかけて盛んに採掘が行われた。しかしその後は有望な新鉱脈が発見されなかったため、昭和47（1972）年に閉山した。

野田玉川鉱山

のだたまがわ

三陸ジオパーク

美しいバラ輝石「マリンローズ」を産出した国内有数のマンガン鉱山跡

Data

【所在地】岩手県九戸郡野田村
【施設】マリンローズパーク野田玉川地下博物館
0868-62-7155
【営業・見学】4月〜10月：9時30分〜17時、11月〜3月：9時30分〜16時(休館日：毎週火曜・年末年始)／入場料（個人)：大人700円
【主な産出物】マンガン
【操業・歴史】明治38 (1905) 年〜平成11 (1999) 年

日本最大級の層状マンガン鉱床

日本列島の土台は、付加体と呼ばれる地質構造で主に構成されている。古生代〜中生代の大昔の海の底にたまった堆積物が、海溝で沈み込む際に大陸地殻にくっついて形成されたものだ。この付加体の岩石中にレアメタルの一種、マンガンが層状に挟まれており、層状マンガン鉱床と称されている。

付加体の層状マンガン鉱床を採掘した鉱山は全国各地に分布し、かつて1000か所以上もあった。その大半は小規模なものばかりだったが、国内最大級の大きさを誇ったのが岩手県野田村にある野田玉川鉱山だ。マンガンのほかに最高級のバラ輝石を産出し、「マリンローズ」の愛称で宝飾用に使われる（①)。すでにマンガン鉱の採掘は中止されているが、坑道の一部が地下博物館として運営されている。

この鉱山は野田村の海岸近くにあり、かつての中心エリアに観光施設が作られた。選鉱場など当時の建物の多くが解体されたが、鉱山事務所、休憩施設、山神社が今も残る。主な見どころは坑道で、採掘跡や採掘・選鉱作業の再現人形、さまざまな鉱物や宝石の原石などを見学することができる。

①バラ輝石　野田玉川鉱山のシンボル的なマンガン鉱物で、濃いピンク色が特徴

ここでしか見られないバラ輝石帯とマンガンの採掘跡

観光坑道の入口が通洞坑で、奥にあるマンガン鉱床を掘るために掘削された立入坑道だ（②)。通洞坑はここから地下に向かって全長28kmにもおよぶ坑道が続いているが、このうち約1.5kmのみが公開され、米田鉱床、高田鉱床、ミサゴ鉱床の3つの鉱床の採掘跡が含まれてい

②通洞坑　本鉱山の主要坑道だったが、今は観光用の出入り口に利用されている

る。

まず注目したい採掘跡が、最も奥にあるミサゴ鉱床だ。坑道の壁面にピンク色のバラ輝石が露出しており、ここでしか見ることができない貴重なものだ（③）。この鉱床の上位をシュリンケージ法で掘り抜いた跡も見られ、天井に向かって巨大な空洞が残されている（④）。また、通洞坑より下位の鉱床は立坑および斜坑（⑤）で開発が行われ、垂直方向に420m下まで採掘された。

採掘から選鉱までをマネキン人形で再現

坑道内では、マンガン鉱石の採掘から選鉱までの作業が、実際の機械と等身大の人形により再現されている。「マンガンボーイズ」と名付けられたマネキン人形が主役となって、さく岩機による採掘、鉱石の運搬、坑木組み、試錐（ボーリング）などを行う様子が見られる。

目玉は木製トロッコを使った運搬作業

③バラ輝石帯　坑内休憩所のすぐ脇で、ピンク色のバラ輝石が壁に露出している

④シュリンケージ採掘跡　天井に縦長に掘り抜かれた採掘跡が見られる。高さは10m以上

⑤ミサゴ斜坑　ミサゴ鉱床の下部を掘るために傾斜51度で掘られた坑道。かつてスキップカーが展示されていた

⑥運搬作業の再現　2t蓄電池機関車で木製トロッコを牽引して運び出した

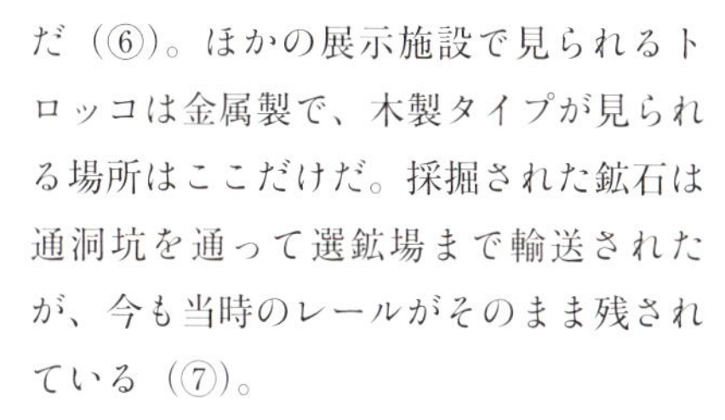

だ（⑥）。ほかの展示施設で見られるトロッコは金属製で、木製タイプが見られる場所はここだけだ。採掘された鉱石は通洞坑を通って選鉱場まで輸送されたが、今も当時のレールがそのまま残されている（⑦）。

昭和30～50年代の選鉱場における選別作業も再現されている（⑧）。ここでは機械ではなく、このように人の手でマンガン鉱石が選別されていた。

さまざまな鉱物・宝石の展示にも注目

野田玉川鉱山は鉱物の宝庫で、マンガン鉱物を中心に100種を超える鉱物を産出。吉村石、木下雲母、原田石の3種類の新鉱物もここで発見された。

坑内の休憩所には、本鉱山産出のさまざまな鉱物が並べられている（⑨）。ハウスマン鉱、菱マンガン鉱、バラ輝石な

⑧選鉱場の再現　ベルトコンベヤーで運ばれた粗鉱を、テツマン、キミマン、テフロ、バラの4種類の鉱石とズリ（廃石）に分ける作業が再現されている

⑦通洞坑内　今も入口までレールが延びており、この上をトロッコが走っていた

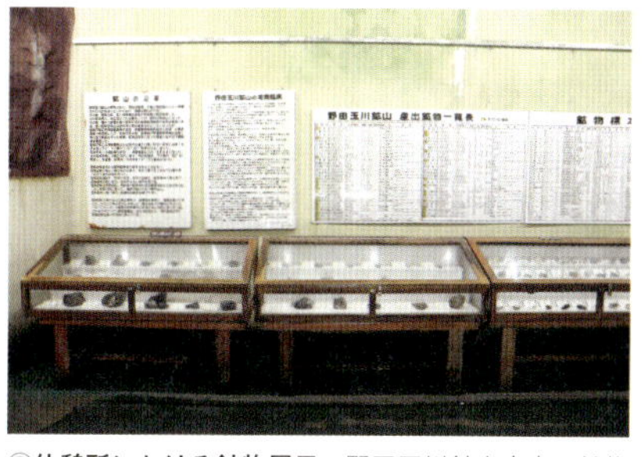

⑨休憩所における鉱物展示　野田玉川鉱山産出の鉱物が主に展示されている

ど主要なものから、新鉱物、吉村石までガラスケース越しに観察できる。また、出口まで200ｍにわたって地下宝石博物館がつくられており、900点にもおよぶ世界各地の鉱物、宝石なども展示されている。紅石英や紫水晶など、巨大な原石は圧巻だ（⑩）。

⑩紅石英（ローズクォーツ） ブラジル産で、重さが100kg以上ある巨大な標本

鉱床・鉱物 チャートの中に挟まれた層状のマンガン鉱床

鉱山周辺の地質は中生代ジュラ紀の堆積岩（チャート、泥岩、砂岩）とこれを貫く白亜紀の花崗閃緑岩から構成されている。鉱床はチャートの中に挟まれた層状マンガン鉱床であり、花崗閃緑岩の貫入の影響により熱変成作用を被っている。複数の鉱床が存在し、中でもミサゴ鉱床が最大であった。

マンガンの鉱石となる鉱物はパイロクロアイト、ハウスマン鉱、菱マンガン鉱、テフロ石、バラ輝石の5種類だ。これらの鉱物は鉱床内部において同心円状に分布する特徴を示す。中心部ではパイロクロアイト、ハウスマン鉱、菱マンガン鉱の組み合わせからなり、この外側にテフロ石、さらにバラ輝石が生成している。また、中心部ほどマンガンの含有量が高く、外殻に向かって低くなる。

歴 史 ミサゴ鉱床下部開発の成功により昭和戦後に大繁栄

野田玉川鉱山は明治38（1905）年に露頭部の採掘から始まった。昭和3（1928）年、玉川満俺が経営を始めたが、長続きせず経営者が転々と変化していった。昭和17（1942）年、国策会社の帝国鉱業開発が買収し、機械化による本格的な採鉱に着手した。生産量は一気に急増したが、昭和20（1945）年の終戦とともに休山した。

戦後、昭和22（1947）年に再開し、昭和25（1950）年から新会社の新鉱業開発の経営となった。ミサゴ鉱床下部の開発が成功し、生産量も順調に増加した。昭和30年代後半から40年代前半にかけて全盛期を迎え、国内有数のマンガン鉱山に至った。しかし鉱量の枯渇と市況悪化を受け、昭和47（1972）年に休山した。

昭和48（1973）年に野田玉川鉱発が設立されて小規模に再開された。昭和60（1985）年には北星鉱業の手に移ったが、翌61（1986）年に採掘が休止となった。昭和62（1987）年に坑道の一部が観光用に公開され、翌63（1988）年から南部の桐畑鉱床の探鉱が開始された。平成11（1999）年頃まで小規模な探鉱が続いていたが、現在は中止されている。

鹿折金山

日本遺産
三陸ジオパーク

国内最大の怪物金塊「モンスターゴールド」が発見された金山跡

Data

【所在地】宮城県気仙沼市
【施設】鹿折金山資料館　0226-29-5008
【営業・見学】10時～16時（定休日：火曜）／無料
【主な産出物】金・銀
【操業・歴史】慶長年間（1596～1615年）～昭和31（1956）年

日本最大の金塊が出てきた北上山地の金鉱床

宮城県東部から岩手県にまたがる北上山地は国内有数の産金地帯として知られている。これらは北上型金鉱床と呼ばれ、古い時代（白亜紀以前）に形成されたものである。新しい時代（新第三紀中新世以降）に生成された佐渡、土肥、鯛生などの浅熱水性金銀鉱床とは、鉱床の性質が異なっている。大きな特徴は、肉眼で見える大きさの自然金が多量に産出し、金に対して銀の含有量が低いことだ。

北上山地の金鉱床では、一部の場所に限られるが自然金をはるかにしのぐ大きさの金塊も発見されている。中でも国内最大のものが産出した場所が、ここ鹿折金山だ。明治37（1904）年に怪物金塊「モンスターゴールド」が発見された（①）。この大半が行方不明になっているが、一部分362gのみ、茨城県つくば市の地質標本館に収蔵されている。

鹿折金山跡は宮城県気仙沼市の北部、岩手県との県境近くの山間部にあり、鹿折川支流の人壁沢に沿って遺構が分布している（②）。この中流には坑道、ズリ山、社宅跡などが残り、下流には金の製錬所跡と鹿折金山資料館がある（③）。館内の展示資料と外の遺構が主な見どころだ。令和元（2019）年に日本遺産「みち

①**怪物金塊の復元模型**　鹿折金山の金塊について記述された本の写真を基に令和4（2022）年に制作された

②**見どころ分布図**（地理院地図（電子国土Web）を基に作成、2.5万分の1地形図「鹿折」に対応）

③**鹿折金山資料館**　製錬所跡のすぐ近くに平成24（2012）年に開館した

④**資料館の内部**　ガラスケースには書類関係、壁には写真が飾られている

のくGOLD浪漫」の構成文化財に認定された。

明治時代の貴重資料と怪物金塊の模型が目玉

資料館内には鹿折金山に関する貴重資料（書類、鉱区図、坑内実測図、採鉱日誌等）と写真を中心に展示されている（④）。ほかにも金鉱石、鏨や槌、カンテラなどの採鉱道具、坩堝やガラス器具など分析・製錬道具、ユリ板、搗鉱機の杵（きね）などさまざまな資料が並べられている。展示資料には付箋による説明が付け加えられているため、わかりやすい。

明治時代の鉱業簿や鉱夫名簿、辞令などの書類や写真が数多く保存されているのがこの資料館の特色。佐渡や土肥など大手の鉱山会社が経営していた鉱山とは違い、個人経営に近い中小鉱山でこれほど多くの資料が残るところは非常にめずらしい。採掘現場や社宅長屋、山神祭りなどを写した写真を眺めると、明治時代の全盛期の様子を知ることができる（⑤）。

ここで目玉となる展示物は、有名な怪物金塊を復元した模型だ（①）。本鉱山産出の石英の上に金箔が貼り付けられて精巧につくられており、実物かと思ってしまうほどの見事なできばえである。これ以外に本物の金を含んだ金鉱石の展示もあり、白い石英中に光輝く自然金を観

⑤**明治時代の写真**　左が採掘現場（千歳2番坑周辺）、右が山神祭りで、両者とも明治37（1904）年に撮影

⑥**自然金**　資料館所蔵の鹿折金山産出の鉱石の中で最も良質なものには、多量の自然金が含まれている

⑦源氏沢に残るズリ山
採掘で発生したズリが盛り土のように積み重なっている

察することができる（⑥）。

怪物金塊が出た坑道の跡が残る遺構

人壁沢中流に合流する源氏沢が採鉱の中心エリアで、一帯には鉱山事務所跡、山神様、社宅跡、坑口跡やズリ山が残る。源氏沢の上流から千歳1番坑、千歳2番坑、千歳3番坑、千歳4番坑など複数の坑道が展開されて、千歳鏈が採掘された。沢沿いには多量のズリが残されており、盛大に採掘されたことを物語る（⑦）。主要坑道のうち、千歳2番坑と千歳4番坑の入口を見学することができる。

千歳2番坑は怪物金塊が発見された坑道であり、遺構の中では最大の見どころだ（⑧）。中は崩れているため、これが発見された現場へはたどり着けなくなっている。下流には千歳4番坑があり、坑口はコンクリートで補強されている（⑨）。ここは入口から奥へ約150 m入れるが、一般向けには公開されていない。

⑧千歳2番坑　坑木が組まれて坑口のみ再現された。当時の写真は資料館に展示されている

⑨千歳4番坑　千歳鏈の最下部を採掘した坑道で、千歳2番坑よりも50 m下位に位置する。内部にはトロッコ線路が残る

採掘された鉱石はトロッコ軌道により下流の製錬所まで運搬された。人壁沢に沿った今の林道より3～30ｍほど高い場所の山腹に軌道跡が残り、幅約2ｍの道路が続いている。製錬所跡には立派な石垣が残り、その上に地蔵尊が祭られている（⑩）。操業当時は2階建ての建物が存在し、この石垣は搗鉱機の台座であった。鉄の杵と臼で金鉱石をたたきつぶして粉砕し、水銀を使用して金を抽出する作業が行われていた。

⑩製錬所跡　鉄製の杵を5本装着したカリフォルニア式搗鉱機が、石垣の上に設置されていた

鉱床・鉱物　肉眼で見える大きさの自然金が多く産出した

鹿折金山周辺には古生代ペルム紀の堆積岩（礫岩、砂岩、泥岩）が分布している。金鉱床は主として泥岩の割れ目を埋めて生成した鉱脈型鉱床である。大きく2つの鉱脈（千歳鏈・万歳鏈）からなり、千歳鏈が主に採掘されていた。

鉱石は乳白色塊状の石英を主体としており、少量の自然金、黄銅鉱、方鉛鉱、黄鉄鉱、磁硫鉄鉱、硫砒鉄鉱、灰重石、方解石、苦灰石などがともなわれる。自然金は石英中に産出し、方鉛鉱と共生する場合が多い。特に断層付近の粘土質になった部分から大粒の自然金が産出したといわれている。

歴史　明治後半にわずかな期間のみ大繁栄した

鹿折金山は江戸初期の慶長年間（1596～1615年）から採掘が始まり、天明2（1782）年まで仙台藩により採掘された。明治33（1900）年、秋田県出身の中村亀治が鉱区を設定し、同36（1903）年には徳永重康の所有となって本格的な経営が始まった。

明治37（1904）年にモンスターゴールドが発見されるなど、異例の高品位な金鉱石が産出し、急速に発展していった。明治40（1907）年前後に最盛期を迎え、国内10大金山の列に加わり大いに繁栄していた。明治42（1909）年に古賀廉造が引き継いだが、良質な部分を掘り尽くしたため、明治の末頃には衰退した。大正以降も細々と続いたが、ついに大正8（1919）年に休山した。

昭和15（1940）年、北海道の堀家萬太郎が譲り受けて操業し、翌年には日本産金振興の所有となった。国策により盛んに採掘が行われたが、昭和18（1943）年の金山整備令により休山した。戦後、昭和24（1949）年に堀家氏が再開したが、長続きせず昭和31（1956）年頃に休止となり、事実上閉山となった。

Column

鉱石と鉱物

鉱山で採掘される岩石は「鉱石」と呼ばれている。鉱石には人間の経済活動に必要な「鉱物」が含まれており、事業として採算がとれる量が濃集している。鉱物には、金、銀、銅、亜鉛、鉛などの金属から硫黄、石膏、石灰石、ろう石などの非金属までさまざまなものが存在する。

①黄銅鉱・黄鉄鉱・石英　金色の黄銅鉱と黄鉄鉱および無色の石英からなる鉱石。秋田県尾去沢鉱山産（鹿角市鉱山歴史館）

鉱石は通常、多種類の鉱物の集合体からなり、「鉱石鉱物」と「脈石鉱物」で構成されている。鉱石鉱物は採掘の対象となる有用元素を含んだ鉱物のことで、選鉱工程を経て回収される。一方の脈石鉱物は事業的に無価値なものであるため、選鉱の段階で除去され、ズリ山に廃棄される。

主要な鉱石鉱物として、自然金（金）、針銀鉱（銀）、黄銅鉱（銅）、閃亜鉛鉱（亜鉛）、方鉛鉱（鉛）、磁鉄鉱（鉄）、錫石（錫）、輝水鉛鉱（モリブデン）、灰重石（タングステン）などがある。脈石鉱物の主なものは、石英、方解石、重晶石、蛍石、緑泥石、粘土鉱物など。特にスカルン鉱床では、柘榴石、灰鉄輝石、緑簾石、珪灰石などさまざまな種類の鉱物をともなう。

鉱石を構成する鉱物の中で最もポピュラーなものが、黄銅鉱、黄鉄鉱、閃亜鉛鉱、方鉛鉱、石英の5つで、これらの組み合わせからなる鉱石が国内の金属鉱山から幅広く産出した。黄銅鉱と黄鉄鉱は金色（①）、閃亜鉛鉱は黒色（②）、方鉛鉱は鉛色（③）に美しく輝き、時にはきれいな結晶として発見された。石英は普通、無色から白色の塊で出てくるが、まれに水晶と称される6角錐状の美しい結晶になる。これらの鉱物は、鉱山跡にある多くの展示施設で見ることができる。

②閃亜鉛鉱　黒褐色の塊状鉱物。宮城県細倉鉱山産（細倉鉱山資料展示室）

③方鉛鉱　鉛色の鉱物で、左側が立方体の結晶、右側は塊状。秋田県尾去沢鉱山産（鹿角市鉱山歴史館）

見学できる鉱山跡110

⛏ 本書に掲載

鉱山名	所在地	主な産出物	主な遺構	現地の状況
手稲	北海道札幌市手稲区	金・銅	鉱山施設跡、社宅跡など	遊歩道からのみ見学可能
岩雄登硫黄	北海道倶知安町	硫黄	建物跡の基礎、ズリ山など	登山道沿い
二股	北海道長万部町	金	ズリ山	登山道沿い
安倍城	青森県むつ市	銅・鉛・亜鉛	製錬所の煙突、カラミ堆積場	案内板が設置
上北	青森県七戸町	銅・硫化鉄	浮遊選鉱場跡	公道からのみ見学可能
野田玉川 ⛏	岩手県野田村	マンガン	坑道	観光施設として運営
橋野 ⛏	岩手県釜石市	鉄	製錬所跡、採掘跡、運搬道路跡など	公園として整備
釜石 ⛏	岩手県釜石市	鉄・銅	坑道、選鉱場跡、社宅跡など	資料館として運営
大ヶ生	岩手県盛岡市	金	坑口、製錬所跡	案内板が設置
猫山	岩手県花巻市	モリブデン	坑口、ズリ山	登山道沿い
栗木	岩手県住田町	鉄	高炉跡、建物跡など	案内板が設置
水沢	岩手県北上市	銅	選鉱場跡、製錬所跡、カラミ堆積場など	案内板が設置
土畑	岩手県西和賀町	銅	浮遊選鉱場跡	公道からのみ見学可能
矢ノ森	岩手県一関市	金	坑道	無料で坑道の見学が可能
鹿折 ⛏	宮城県気仙沼市	金・銀	坑口、製錬所跡、鉱山事務所跡など	資料館として運営
大谷 ⛏	宮城県気仙沼市	金・銀	坑口、製錬所跡	資料館として運営
細倉 ⛏	宮城県栗原市	鉛・亜鉛	坑道、選鉱場跡、現役の製錬所など	観光施設として運営
宮	宮城県蔵王町	金・銅	坑口、立坑跡、選鉱場跡	公園として整備
発盛	秋田県八峰町	銀・鉛・亜鉛	露天掘り跡	公園として整備
鴇	秋田県小坂町	銅	製錬所跡の煙突、カラミ堆積場	案内板が設置
小坂 ⛏	秋田県小坂町	銅・鉛・亜鉛	鉱山事務所、小坂駅、康楽館など	観光施設として運営
尾去沢 ⛏	秋田県鹿角市	金・銅	坑道、選鉱場跡、製錬所跡、カラミ堆積場など	観光施設として運営
荒川 ⛏	秋田県大仙市	銅	選鉱場跡、煙突、カラミ堆積場など	公道からのみ見学可能
吉乃	秋田県横手市	銅	露天掘り跡	案内板が設置
院内	秋田県湯沢市	銀	坑口（御幸坑）、番所跡、異人館跡など	案内板が設置
谷口 ⛏	山形県金山町	銀	坑道、露天掘り跡など	地元の保存会により運営
延沢 ⛏	山形県尾花沢市	銀	坑道	公園として整備
滑川	山形県米沢市	鉄	露天掘り跡、トロッコ軌道跡など	登山道沿い
半田	福島県伊達市	銀	坑口、橋脚跡	公園として整備
黒森	福島県喜多方市	金・銀・銅	坑口跡、ズリ山、選鉱場跡	登山道沿い
軽井沢	福島県柳津町	銀	煙突、ズリ山など	案内板が設置
日立 ⛏	茨城県日立市	銅・硫化鉄	坑口、立坑、コンプレッサー室など	記念館として運営
雪入	茨城県かすみがうら市	金	坑口、ズリ山	遊歩道沿い
那須	栃木県那須町	硫黄	トロッコ軌道跡、建物跡など	登山道沿い
足尾 ⛏	栃木県日光市	銅	坑道、製錬所跡、選鉱場跡、変電所など	観光施設として運営
岩切	栃木県足利市	マンガン	坑道、ズリ山、露天掘り跡など	登山道沿い
小串	群馬県嬬恋村	硫黄	索道櫓	道路からのみ見学可能
戸神	群馬県沼田市	金・銀	坑口跡、ズリ山、鉱脈露頭など	登山道沿い

鉱山名	所在地	主な産出物	主な遺構	現地の状況
川場	群馬県川場村	柘榴石	露天掘り跡、トロッコ軌道跡など	登山道沿い
中小坂	群馬県下仁田町	鉄	坑道、社宅跡、トロッコ軌道跡など	遊歩道が整備
群馬	群馬県中之条町	鉄	露天掘り跡、鉄道駅跡	公園として整備
秩父	埼玉県秩父市	鉛・亜鉛・鉄	坑口、選鉱場跡、社宅跡など	公道からのみ見学可能
金山	埼玉県秩父市	銅	坑口	遊歩道沿い
渋沢	神奈川県秦野市	石膏・硫化鉄	坑口	案内板が設置
鳴海	新潟県村上市	金	坑道	観光施設として運営
持倉	新潟県阿賀町	銅・亜鉛	鉱山事務所跡、製錬所跡	地元の保存会により整備
小杉沢	新潟県五泉市	銅・鉛・亜鉛	坑口、選鉱場跡、ズリ山など	登山道沿い
小乙	新潟県加茂市	銅・鉛・亜鉛	坑口、選鉱場跡、製錬所跡など	登山道沿い
佐渡	新潟県佐渡市	金・銀・銅	坑道、露天掘り跡、選鉱場跡など	観光施設として運営
鶴子	新潟県佐渡市	銀	坑道、露天掘り跡	案内板が設置
西三川	新潟県佐渡市	金	露天掘り跡、水路跡、金山役宅跡など	観光施設として運営
橋立	新潟県糸魚川市	金	坑口、製錬所跡	案内板が設置
蓮華	新潟県糸魚川市	銀・鉛・亜鉛	鉱山事務所跡、飯場跡、製錬所跡など	登山道沿い
下田	富山県上市町	金	坑口、ズリ山	案内板が設置
宝達	石川県宝達志水町	金	坑口	案内板が設置
遊泉寺	石川県小松市	銅	立坑跡、煙突、鍛冶場跡など	遊歩道が整備
尾小屋	石川県小松市	銅	坑道、鉱山町跡	観光施設として運営
面谷	福井県大野市	銅	製錬所跡、ズリ山	林道から見学可能
中竜	福井県大野市	鉛・亜鉛	坑口、鉱山施設跡	公道からのみ見学可能
宝	山梨県都留市	硫化鉄	坑口、カラミ堆積場、社宅跡など	登山道沿い
湯之奥	山梨県身延町	金	坑口跡、精錬所跡、屋敷跡など	案内板が設置
金鶏	長野県茅野市	金	坑口跡、水路跡、事務所跡など	案内板が設置
神岡	岐阜県飛騨市	鉛・亜鉛	坑道	年1回のツアー開催時のみ
笹洞	岐阜県下呂市	蛍石	坑道、ズリ山	ツアー開催時のみ（3～10月）
大仁	静岡県伊豆市	金・銀	浮遊選鉱場跡	公道からのみ見学可能
土肥	静岡県伊豆市	金・銀	坑道、選鉱場跡	観光施設として運営
龕附天正	静岡県伊豆市	金・銀	坑道	観光施設として運営
梅ヶ島	静岡県静岡市	金	坑口、住宅跡、奉行屋敷跡など	遊歩道が整備
栗栖	愛知県犬山市	マンガン	坑口、貯鉱場跡など	登山道沿い
丹生水銀	三重県多気町	水銀	坑口、製錬所跡	遊歩道が整備
紀州	三重県熊野市	銅	選鉱場跡、トロッコ電車	トロッコ電車が観光用に運行
水車谷	三重県熊野市	銅	坑口、製錬所跡、屋敷跡など	遊歩道が整備
土倉	滋賀県長浜市	銅・硫化鉄	坑口、選鉱場跡	公道からのみ見学可能
御池	滋賀県東近江市	銅	小学校跡、社宅跡、製錬所跡など	登山道沿い
河守	京都府福知山市	銅・硫化鉄	坑口、ズリ山、鉱山施設跡など	公道からのみ見学可能
大江山	京都府与謝野町	ニッケル	乾燥炉の煙突、駅跡など	公園として整備
多田	兵庫県猪名川町	銀・銅	坑道、製錬所跡、鉱床露頭など	史跡として整備
生野	兵庫県朝来市	金・銀・銅など	坑道、露天掘り跡、トロッコ軌道跡など	観光施設として運営
羅漢	兵庫県朝来市	金・銀	坑口、製錬所跡、鉱山道路跡など	登山道沿い
明延	兵庫県養父市	銅・鉛・亜鉛など	坑道、選鉱場跡、トロッコ軌道跡など	観光施設として運営

鉱山名	所在地	主な産出物	主な遺構	現地の状況
中瀬	兵庫県養父市	金・アンチモン	坑口、製錬所、金山役所跡など	坑口の見学にはガイドの案内が必要
金屋	兵庫県丹波市	ろう石	露天掘り跡、重機の残骸	登山道沿い
富栖	兵庫県姫路市	金・銀	坑道	ラドン温泉施設として運営
瀬戸鉛山	和歌山県白浜町	鉛	坑道	三段壁洞窟として運営
柵原 ⛏	岡山県美咲町	硫化鉄	選鉱場跡、吉ケ原駅舎	公園として整備
吉岡	岡山県高梁市	銅・硫化鉄	選鉱場跡、製錬所跡など	案内板が設置
笹畝 ⛏	岡山県高梁市	銅・硫化鉄	坑道	観光施設として運営
人形峠	岡山県鏡野町	ウラン	坑道、核燃料施設	4月～11月までの水・木のみ
神武	広島県三原市	蛍石	坑口、ホッパー、ズリ山など	案内板が設置
大野	広島県三原市	タングステン	坑口、ズリ山、選鉱場跡など	登山道沿い
岩美	鳥取県岩美町	銅	坑道	役所により管理
石見 ⛏	島根県大田市	銀・銅	坑道、製錬所跡など	観光施設として運営
岩屋	島根県大田市	銀	坑口、機械の残骸、鉱石積出場跡など	案内板が設置
久喜	島根県邑南町	銀	坑口、製錬所跡、カラミ堆積場など	案内板が設置
大林	島根県邑南町	銀	坑口、ズリ山、製錬所跡など	案内板が設置
都茂	島根県益田市	銅	坑口、選鉱場跡	案内板が設置
玖珂 ⛏	山口県岩国市	タングステン・銅	坑道、選鉱所跡	観光施設として運営
桜郷	山口県山口市	銅	坑口、露天掘り跡、ズリ山など	公園として整備
長登 ⛏	山口県美祢市	銅・コバルトなど	坑口、立坑跡、製錬所跡など	史跡として整備
別子 ⛏	愛媛県新居浜市	銅・硫化鉄	坑口、貯鉱庫跡、発電所跡など	観光施設として運営
白滝	高知県大川村	銅・硫化鉄	選鉱場跡、火薬庫跡、トロッコ軌道跡など	遊歩道が整備
採銅所	福岡県香春町	銅	坑口（神間歩）	案内板が設置
鯛生 ⛏	大分県日田市	金・銀	坑道、製錬所跡	観光施設として運営
木浦	大分県佐伯市	錫	坑口（千人間歩）、女郎墓	案内板が設置
土呂久	宮崎県高千穂町	砒素	亜砒焼き窯跡、社宅跡、ズリ山跡など	案内板が設置
山ヶ野	鹿児島県霧島市	金・銀	坑口、製錬所跡、奉行所跡など	案内板が設置
串木野	鹿児島県いちき串木野市	金・銀	坑道	観光施設として運営
錫山	鹿児島県鹿児島市	錫	坑口、露天掘り跡	案内板が設置
松原	鹿児島県天城町	銅	坑口	遊歩道が整備
北大東島	沖縄県北大東村	燐	貯蔵庫跡、桟橋跡、トロッコ軌道跡	案内板が設置

鉱石の展示が充実した博物館・資料館50

⛏ 本書に掲載

施設名	所在地	主な展示品
北海道大学総合博物館	北海道札幌市	北海道と国内各地の鉱石、鉱物など
地図と鉱石の山の手博物館	北海道札幌市	北海道産の鉱石、世界の鉱物など
日高山脈博物館	北海道日高町	日高山脈地域の鉱石、岩石など
岩手県立博物館	岩手県盛岡市	岩手県産の鉱物、鉱石、岩石など
マリンローズパーク野田玉川 ⛏	岩手県野田村	野田玉川鉱山産と日本各地の鉱石、世界の鉱物など
旧釜石鉱山事務所 ⛏	岩手県釜石市	釜石鉱山産の鉱石、世界の鉄鉱石など

施設名	所在地	主な展示品
西和賀町歴史民俗資料館	岩手県西和賀町	西和賀町周辺の鉱山産の鉱石
秋田大学鉱業博物館	秋田県秋田市	日本各地の鉱石、鉱物など
阿仁異人館・伝承館	秋田県北秋田市	阿仁鉱山産の鉱石
小坂町立総合博物館・郷土館	秋田県小坂町	小坂鉱山産の鉱石
鹿角市鉱山歴史館	秋田県鹿角市	尾去沢鉱山産の鉱石
大盛館（民俗資料展示館）	秋田県大仙市	荒川鉱山と秋田県内の鉱石など
東北大学総合学術博物館	宮城県仙台市	日本各地の鉱石、鉱物など
細倉鉱山資料展示室	宮城県栗原市	細倉鉱山および日本各地の鉱石
山形県立博物館	山形県山形市	山形県産の鉱物、鉱石、岩石など
石川町立歴史民俗資料館・イシニクル	福島県石川町	石川町産のペグマタイト鉱物
日鉱記念館	茨城県日立市	日本と世界の鉱石
ミュージアムパーク茨城県自然博物館	茨城県坂東市	日本と世界の鉱物、鉱石など
地質標本館	茨城県つくば市	日本各地の鉱石、鉱物など
栃木県立博物館	栃木県宇都宮市	栃木県産の鉱物、鉱石、岩石など
古河掛水倶楽部	栃木県日光市	足尾銅山産の鉱石
埼玉県立自然の博物館	埼玉県長瀞町	秩父鉱山産の鉱石、埼玉県産の鉱物、岩石など
鉱石資料館（合同資源）	千葉県長生村	日本各地の金銀鉱石など
鉱物資源フロンティアミュージアム・ミネラフロント	東京都本郷区	日本各地の鉱石、海底起源の鉱石など
国立科学博物館	東京都台東区	日本各地の鉱石、鉱物など
クレーストーン博士の館	新潟県胎内市	日本と世界の鉱石、鉱物など
フォッサマグナミュージアム	新潟県糸魚川市	日本各地の鉱石、鉱物、ひすいなど
尾小屋鉱山資料館	石川県小松市	尾小屋と周辺鉱山産出の鉱石
ミュージアム鉱研・地球の宝石箱	長野県塩尻市	日本と世界各地の鉱石、鉱物など
岐阜県博物館	岐阜県岐阜市	岐阜県産の鉱物、鉱石、岩石など
高原郷土館（鉱山資料館）	岐阜県飛騨市	神岡鉱山産の鉱石
中津川市鉱物博物館	岐阜県中津川市	苗木地方産の鉱物、長島鉱物コレクション
博石館	岐阜県中津川市	蛭川産の鉱物、世界各地の鉱物など
瑞浪鉱物展示館	岐阜県瑞浪市	日本と世界の鉱物、鉱石、宝石
金山資料館（土肥金山）	静岡県伊豆市	伊豆半島と日本各地の金銀鉱石など
豊橋市地下資源館	愛知県豊橋市	世界各地の鉱石、鉱物
益富地学会館	京都府京都市	日本各地の鉱物、鉱石
兵庫県立人と自然の博物館	兵庫県三田市	兵庫県内の鉱石、鉱物、岩石など
生野鉱物館（シルバー生野）	兵庫県朝来市	生野鉱山産の鉱石、鉱物
玄武洞ミュージアム	兵庫県豊岡市	世界各地の鉱物、鉱石、宝石など
いも代官ミュージアム（石見銀山資料館）	島根県大田市	石見銀山産の鉱石など
つやま自然のふしぎ館	岡山県津山市	日本各地の鉱石、鉱物、岩石
山口県立山口博物館	山口県山口市	山口県産の鉱物、鉱石、岩石など
山口大学工学部学術資料展示館	山口県宇部市	日本各地の鉱石、鉱物
別子銅山記念館	愛媛県新居浜市	別子銅山産の鉱石
愛媛県総合科学博物館	愛媛県新居浜市	愛媛県産の鉱物、鉱石、岩石など
市之川公民館	愛媛県西条市	市之川鉱山産の輝安鉱
北九州市立いのちのたび博物館	福岡県北九州市	日本と世界各地の鉱物、鉱石、岩石
九州大学総合研究博物館	福岡県福岡市	日本各地の鉱石、高壮吉鉱物標本
地底博物館鯛生金山	大分県日田市	鯛生金山と九州地方の金銀鉱石など

用語解説

インクライン（いんくらいん）……斜面にレールを敷き、台車で鉱石などを運搬した装置。ケーブルカーの一種。

煙道（えんどう）……排ガスが煙突に達するまでの筒状の部分。

開坑（かいこう）……坑道を地表から鉱床に向かって開さくする作業。

叺（かます）……むしろを2つ折りにして作った袋。鉱石の運搬に利用された。

カラミ（鍰）……鉱石を溶かして製錬する工程で発生する、有用金属以外のかす。スラグとも呼ばれる。明治～大正時代ではレンガに加工され、建築材料として使用された。

切羽（きりは）……坑道の進行方向の掘削面。

銀黒（ぎんぐろ）……金銀鉱石の中に入る黒い筋状の脈。針銀鉱などの銀鉱物の細かな粒子が含まれる。

黒鉱（くろこう）……閃亜鉛鉱、方鉛鉱を主とする、黒色の塊状緻密な鉱石。

黒鉱型鉱床（くろこうがたこうしょう）……黒鉱をともなう鉱床。普通､黒鉱のほか黄鉄鉱・黄銅鉱を主とする黄鉱、黄鉄鉱・黄銅鉱と、多量の石英からなる珪鉱、石膏・粘土鉱物を主とする石膏鉱からなる。

煙鋪（けむりしき）……換気を目的に掘られた坑道。

坑口（こうぐち）……地表にある坑道の入口。

鉱山（こうざん）……地中から有用な鉱物を採掘する事業所。

鉱山鉄道（こうざんてつどう）……鉱山の鉱石搬出のために作られた鉄道。

鉱床（こうしょう）……地殻内で、有用な鉱物が濃密に集まっている部分。

鉱石（こうせき）……有用な元素が濃集し、鉱業として採掘の対象となる岩石。鉱石を構成する､採掘対象となる鉱物を鉱石鉱物と呼ぶ。

鉱染（こうせん）……微細な鉱物が母岩中に散在すること。

鉱体（こうたい）……採掘の対象となる鉱石の集合体。

交代作用（こうたいさよう）……岩石中に浸透してきた熱水により、既存の岩石の成分と移動してきた物質が反応して新しい鉱物ができる作用。

坑道（こうどう）……地下に掘った通路。間歩（まぶ）や鋪（しき）とも呼ばれる。

坑内掘り（こうないぼり）……地下に坑道を掘って鉱床を採掘すること。

鉱物（こうぶつ）……自然の物資のうち、物理的・化学的にほぼ均一で、一定の性質を有する無機物の個体。

鉱脈（こうみゃく）……岩盤の割れ目を埋めた鉱物の集合体で、板状の形態を有するもの。鏈（ひ）とも呼ばれる。鉱脈から構成される鉱床が鉱脈型鉱床。

高炉（こうろ）……鉄鉱石を溶かして鉄を取り出すための溶鉱炉。

採鉱（さいこう）……鉱石を掘ること。

砂金（さきん）……金鉱床の風化浸食により洗い出され、砂礫とともに堆積した自然金。

さく岩機（さくがんき）……岩盤に火薬装填の孔を開けるために使用される機械。

索道（さくどう）……空中に架設したワイヤーに運搬器を取り付け、鉱石や資材を運搬する装置。

酸化帯（さんかたい）……鉱床が風化作用および地表水の酸化作用を受けた部分。

鋪（しき）➡坑道

試掘坑道（しくつこうどう）……試験的に掘削された坑道。

試錐（しすい）……試錐機を用いて地中に孔を掘ること。ボーリングとも呼ばれる。

シックナー（しっくなー）……液体に含まれる固形物を重力によって沈殿・分離させる装置。

柴金（しばきん）……土壌中に含まれる自然金。土金とも呼ばれる。

斜坑（しゃこう）……ある角度で斜めに向かって掘進された坑道。

ジャンボ（じゃんぼ）……台車に数台以上のさく岩機が取り付けられた掘削機械。

シュリンケージ採掘法（しゅりんけーじさいくつほう）……上下２本の坑道を設けて下の坑道から鉱脈を上向きに採掘し、掘った鉱石の一部を抜き取り、残りの鉱石を足場にして上向きに採掘していく方法。

漏斗（じょうご）……鉱石をトロッコに積み込むための装置。

人車（じんしゃ）……地下で働く作業員の輸送に使用される車両。

スカルン型鉱床（するかんがたこうしょう）……炭酸塩岩が熱水による交代作用を受けて形成される塊状熱水鉱床。柘榴石、灰鉄輝石、珪灰石などのスカルン鉱物が特徴的に生成する。

スクレーパー（すくれーぱー）……鉱石やズリをかき寄せるためのバケットのような形をした装置。電動機のスラッシャーとセットで使用される。

ズリ／ズリ石（ずりいし）……採掘で発生する無価値の岩石。廃石とも呼ばれる。

ズリ山（ずりやま）……ズリを廃棄する捨て場。ズリ堆積場とも呼ばれる。

青化製錬（せいかせいれん）……粉砕した金鉱石を青酸溶液に入れて金を溶かし、その溶液から金を沈殿析出させる方法。

精鉱（せいこう）……粗鉱を選鉱して得られる高品位側の産物。

製錬（せいれん）……鉱石から金属を取り出す過程。これを行う施設が製錬所（製錬場）。

選鉱（せんこう）……掘り出した鉱石から目的とする鉱物を取り出す作業工程。これを行う施設が選鉱場（選鉱所）。

疎水坑道（そすいこうどう）……排水を目的に開さくされた坑道。水抜き坑とも呼ばれる。

立入（たていれ）……鉱脈の走向に交差する方向へ、水平に掘る坑道。

立坑（たてこう）……垂直に掘り下げられた坑道。地表から開さくされた立坑には櫓が設置され、立坑櫓と呼ばれる。

立坑ケージ（たてこうけーじ）……立坑で使用される箱状の容器。これに鉱石または人を乗せ上下させる。

たぬき掘り（たぬきぼり）……技術が未発達な時代に行われた採掘方法で、たぬきの巣穴に似ていることからこの名称が付いた。

探鉱（たんこう）……鉱石や鉱床を探すこと。

蓄電池機関車（ちくでんちきかんしゃ）……バッテリーを動力とする機関車。バッテリーロコとも呼ばれる。

チップラー（ちっぷらー）……トロッコを回転させて鉱石を取り出すための装置。

貯鉱庫（ちょこうこ）……鉱石を保管するための施設。

通洞坑（つうどうこう）……鉱山の主たる坑道の一般的な呼び名で、主に運搬や排水、通気のために使用される。

手掘り（てぼり）……機械を使わず、人力で坑道を掘ること。近世までは鑿（のみ）とハンマーによる手作業で坑道が開さくされた。

搗鉱機（とうこうき）……鋼鉄製の棒を上から搗（つ）くことで鉱石を粉砕する破砕機。主に金鉱山で使用された。

トラックレスマイニング（とらっくれすまいにんぐ）……軌道（線路）を使用しない坑道内の運搬システム。

トロッコ（とろっこ）……鉱石などの運搬に用いられる箱型の車両で、鉱車とも呼ばれる。

破砕（はさい）……クラッシャーなどの粉砕機を用いて鉱石を細かく砕くこと。

鏈（ひ）➡鉱脈

鏈押し（ひおし）……鉱脈を追って水平に掘る坑道。

浮遊選鉱（ふゆうせんこう）……溶液に対する粒子の表面的性質の差異によって鉱物を選択的に分離回収する方法。具体的には、細かく砕いた鉱石を化学薬品と一緒に混ぜ、撹拌して泡を発生させて有用鉱物と不要な鉱物を選別する。

閉山（へいざん）……鉱山の操業を終えて閉鎖すること。

ボーリング（ぼーりんぐ）➡試錐

ホッパー（ほっぱー）……鉱石を貨車に積み込む設備のこと。

巻揚機（まきあげき）……立坑や斜坑で鉱石などの運搬に使用される機械で、ワイヤー巻き取りのウィンチと原動機からなる。巻上機。

間歩（まぶ）➡坑道

網状脈（もうじょうみゃく）……無数の小規模な割れ目に生成した網目状の鉱脈。

ローダー（ろーだー）……鉱石などを積み込むために使用される車両。

露天掘り（ろてんぼり）……表土を除去し、鉱床を地表から直接採掘する方法。

露頭（ろとう）……鉱床の一部が地表に現れた部分。

あとがき

日本から金属鉱山のほぼすべてが姿を消してしまったが、一部は観光施設として復活した。その1つ、観光地となった鉱山跡「細倉マインパーク」を初めて訪問したのは子どもの頃だ。冒険心をくすぐる坑道、圧巻の眺めが広がる鉱山施設の廃墟、映画に出てくるようなトロッコ、ピカピカに輝く鉱石など不思議なものに満ちあふれ、子どもながら大いに満喫することができた。この体験がきっかけで鉱山に興味を持ち、この非日常的な世界にすっかりハマってしまった。

以降、鉱山跡の見学や鉱物採集が趣味となり、各地を訪れるようになった。学生時代には鉱石の研究活動に没頭した。へき地の山奥にある現場の調査や学会発表、論文の作成などに夢中になって取り組んだ。いつのまにか、訪れた鉱山跡は数百か所以上にも達し、これまでに得られた知見を基に鉱山に関する本を出そうと考えていた。

近年、鉱山跡が産業遺産として注目されるようになり、つい昨年には佐渡金山も世界文化遺産に登録された。日本各地の鉱山跡の魅力を紹介するちょうど良い機会だと考え、ガイドブックとして企画したのが本書だ。佐渡金山や別子銅山など、わが国を代表する鉱山跡をよりすぐり、一般の方でもわかりやすいように原稿を執筆した。本書を通じて鉱山跡の楽しみ方や面白さが伝わり、より多くの方々に興味を持っていただければ幸いである。

本書を出版するにあたり、株式会社誠文堂新光社の吉田朋子様および黒田麻紀様には企画の採用から校正に至るまで終始ご尽力を賜った。鉱山跡を管理する方々には、取材時に現場の案内や原稿を確認していただくなどたいへんお世話になった。また両親と祖父には、長きにわたって鉱山跡の見学に付き添ってもらった。参考文献を収集する際には、多くの公立図書館にご協力いただいた。以上の方々には言葉では表せないほど感謝の気持ちでいっぱいで、改めて心から深く御礼申し上げる。

2025年3月

参考文献一覧

・秋田県地下資源開発促進協議会，秋田県鉱山会館編（2005）：秋田県鉱山誌．秋田県鉱山会館．
・朝日村公民館編（1969）：なるみ（鳴海金山調査報告書）．朝日村．
・尾崎清子編（2012）：鉱山をゆく　日本には"宝"があふれている！（イカロスMOOK）．イカロス出版．
・五十嵐敬喜ほか編著（2014）：佐渡金山を世界遺産に甦る鉱山都市の記憶．ブックエンド．
・池田善文（2024）：東大寺大仏になった銅　長登銅山跡（シリーズ「遺跡を学ぶ」164）．新泉社．
・猪名川町史編集専門委員会編（1987）：猪名川町史1（古代・中世）．猪名川町．
・猪名川町史編集専門委員会編（1989）：猪名川町史2（近世）．猪名川町．
・猪名川町史編集専門委員会編（1990）：猪名川町史3（近現代）．猪名川町．
・今井秀喜ほか編（1973）：日本地方鉱床誌［1］関東地方．朝倉書店．
・内田欽介（1992）：鉱業；産業発展に果たす役割，そして環境　住友・別子銅山の歴史を中心として．資源地質特別号，13，53-78．
・遠藤浩巳（2013）：銀鉱山王国・石見銀山（シリーズ「遺跡を学ぶ」090）．新泉社．
・岡本憲之（2001）：全国鉱山鉄道　鉄道の原点"ヤマ"軌道をもとめて（JTBキャンブックス）．JTB．
・小倉勉（1922）：吉岡鉱山調査報文．地質要報，25（4），255-337．
・小田辰兵衛（2017）：持倉鉱山．
・尾花沢市教育委員会編（1989）：史跡延沢銀山遺跡保存管理計画書．
・釜石市教育委員会（2015）：橋野鉄鉱山　日本近代製鉄の先駆け．釜石市教育委員会事務局生涯学習文化課．
・釜石市教育委員会（2016）：旧釜石鉱山事務所解説パンフレット．釜石市教育委員会事務局生涯学習文化課．
・釜石市世界遺産登録推進室（2013）：橋野鉄鉱山　橋野高炉跡及び関連遺跡．
・嘉屋実編（1952）：日立鉱山史．日本鉱業日立鉱業所．
・協和町公民館編（1974）：荒川鉱山誌．
・黒沢永紀，前畑洋平（2021）：産業遺産　幻想と異世界への扉．昭文社．
・小坂鉱山事務所(2012)：小坂鉱山事務所公式ガイドブック．
・小坂町町史編さん委員会編（2023）：新編小坂町史．小坂町．
・小葉田淳（1968）：日本鉱山史の研究．岩波書店．
・小山一郎，緒方乙丸（1956）：日本の鉱山．内田老鶴圃．
・佐藤典正(1964)：細倉鉱山史．三菱金属鉱業細倉鉱業所．
・佐渡市（2018）：史跡佐渡金銀山遺跡保存管理計画書第2期．佐渡市産業観光部世界遺産推進課．
・佐渡市世界遺産推進課編（2012）：佐渡金銀山　西三川砂金山遺跡分布調査報告書（佐渡金銀山遺跡調査報告書16）．
・島根県教育庁文化財課世界遺産室（2020）：知ろう！探ろう！石見銀山　世界遺産「石見銀山遺跡とその文化的景観」．
・新修小松市史編集委員会編（2023）：新修小松市史通史編2．石川県小松市．
・住友金属鉱山株式会社住友別子鉱山史編集委員会編（1991）：住友別子鉱山史（上・下）．住友金属鉱山．
・高橋維一郎，南部松夫（2003）新岩手県鉱山誌．東北大学出版会．
・滝本清編（1973）：日本地方鉱床誌［2］近畿地方．朝倉書店．
・谷口銀山跡調査団（1999）：谷口銀山跡調査報告書．金山町教育委員会．
・田村栄一郎編（1992）：野田村誌　通史・史料．岩手県九戸郡野田村．
・地学団体研究会新版地学事典編集委員会編（1996）：地学辞典　新版．平凡社．
・美祢市長登銅山文化交流館編（2010）：長登銅山文化交流館展示図録．
・日光市教育委員会事務局文化財課編（2013）：足尾銅山跡総合調査報告書（上巻）．日光市教育委員会．
・日光市教育委員会事務局文化財課編（2015）：足尾銅山跡総合調査報告書（下巻）．日光市教育委員会．
・日本金山誌編纂委員会編（1989）：日本金山誌　第1編九州．資源・素材学会．
・日本金山誌編纂委員会編（1992）：日本金山誌　第3編東北．資源・素材学会．
・日本金山誌編纂委員会編（1994）：日本金山誌　第4編関東・中部．資源・素材学会．
・日本金山誌編纂委員会編（1994）：日本金山誌　第5編近畿・中国・四国．資源・素材学会．
・日本鉱業協会探査部会編（1965）：日本の鉱床総覧上巻．日本鉱業協会．
・日本鉱業協会探査部会編（1968）：日本の鉱床総覧下巻．日本鉱業協会．
・日本鉱山地質学会編(1981)：日本の鉱床探査第1巻．
・日本鉱山地質学会編(1984)：日本の鉱床探査第2巻．
・萩原三雄編（2013）：日本の金銀山遺跡．高志書院．
・麓三郎（1964）：尾去沢・白根鉱山史．勁草書房．
・古河鉱業株式会社（1971）：足尾銅山概要（復刻版）．
・前畑洋平（2016）：産業遺産JAPAN．創元社．
・湯之奥金山遺跡学術調査団編（1992）：湯之奥金山遺跡の研究　山梨県西八代郡下部町湯之奥金山遺跡学術調査報告書．湯之奥金山遺跡学術調査会．
・吉川敏之，栗本史雄，青木正博（2005）：生野地域の地質，地域地質研究報告（5万分の1地質図幅）．産業技術総合研究所地質調査総合センター．

取材協力（順不同）

ジェイプランニングてしごと屋、釜石市役所、釜石鉱山（株）、鹿折金山資料館、大谷鉱山歴史資料館、尾花沢市教育委員会、栗原市役所、小坂まちづくり（株）、小坂町立総合博物館、村上市朝日支所、持倉鉱山遺構を護る会、（株）ゴールデン佐渡、大盛館（民俗資料展示館）、谷口銀山史跡保存会、JX金属（株）、日光市役所、古河機械金属（株）、（株）佐渡西三川ゴールドパーク、尾小屋鉱山資料館、甲斐黄金村・湯之奥金山博物館、土肥マリン観光（株）、龕附天正金鉱、猪名川町教育委員会、（株）シルバー生野、養父市立あけのべ自然学校、大田市教育委員会、高梁市役所、柵原鉱山資料館、美川開発（株）、美祢市教育委員会、（株）マイントピア別子、別子銅山記念館、日田市役所

五十公野裕也（いずみのゆうや）

1988年山形県天童市生まれ。2016年山形大学大学院理工学研究科博士後期課程修了。理学博士。日本鉱物科学会員。資源地質学会員。（独）産業技術総合研究所特別研究員、山形大学理学部職員を経て、2023年から日本鉱山遺跡研究所の屋号で、鉱山跡の歴史や魅力を多くの人々に伝えることを目標に鉱山跡の調査・研究活動に取り組んでいる。著書に『宮城県鉱山誌』（金港堂出版部）、『いま訪ねるべき日本の鉱山30』（イカロス出版）。

STAFF
カバー・本文デザイン　岸博久（メルシング）
校正　株式会社文字工房燦光

日本全国鉱山めぐり　決定版
観光できる産業遺産を徹底解説＋全国鉱山跡リスト110

2025年3月17日　発　行　　NDC560

著　　者　五十公野裕也
発 行 者　小川雄一
発 行 所　株式会社 誠文堂新光社
〒113-0033 東京都文京区本郷3-3-11
https://www.seibundo-shinkosha.net/
印刷・製本　TOPPANクロレ 株式会社

©Yuya Izumino. 2025　　Printed in Japan

本書掲載記事の無断転用を禁じます。

落丁本・乱丁本の場合はお取り替えいたします。

本書の内容に関するお問い合わせは、小社ホームページのお問い合わせフォームをご利用ください。

本書に掲載された記事の著作権は著者に帰属します。これらを無断で使用し、展示・販売・レンタル・講習会などを行うことを禁じます。

JCOPY <（一社）出版者著作権管理機構　委託出版物>
本書を無断で複製複写（コピー）することは、著作権法上での例外を除き、禁じられています。本書をコピーされる場合は、そのつど事前に、（一社）出版者著作権管理機構（電話　03-5244-5088／FAX　03-5244-5089／e-mail：info@jcopy.or.jp）の許諾を得てください。

ISBN978-4-416-52438-1